砷在准噶尔盆地
农田土壤中的迁移转化与风险评价

罗艳丽 等 著

中国农业科学技术出版社

图书在版编目（CIP）数据

砷在准噶尔盆地农田土壤中的迁移转化与风险评价 / 罗艳丽等著. -- 北京 : 中国农业科学技术出版社, 2025.7. -- ISBN 978-7-5116-7541-5

Ⅰ.S156.4；X53

中国国家版本馆CIP数据核字第20250Z8U84号

责任编辑	李　华
责任校对	李向荣
责任印制	姜义伟　王思文

出 版 者	中国农业科学技术出版社
	北京市中关村南大街12号　　邮编：100081
电　　话	（010）82109708（编辑室）　　（010）82106624（发行部）
	（010）82109709（读者服务部）
网　　址	https://castp.caas.cn
经 销 者	各地新华书店
印 刷 者	北京建宏印刷有限公司
开　　本	170 mm×240 mm　1/16
印　　张	8.5
字　　数	142千字
版　　次	2025年7月第1版　2025年7月第1次印刷
定　　价	78.00元

◆版权所有·侵权必究◆

《砷在准噶尔盆地农田土壤中的迁移转化与风险评价》

著者名单

主　著　罗艳丽
副主著　张玲卫　薛娜娜
参　著　邓雯文　刘　畅　郑玉红

前　言

砷（As）是一种毒性较强且具有致癌作用的元素，对生态环境及人体健康危害极大。土壤中的As污染一直是环境科学领域关注的重点问题之一。据统计，全球每年向土壤中排放的As含量高达0.94×10^8 kg，我国约有2 000万人处于土壤As污染的高风险区。2014年公布的《全国土壤污染状况调查公报》显示，我国土壤As的点位超标率为2.7%，在8种无机污染物中排名第三。

目前对土壤As污染的研究主要集中在土壤环境中As的存在形态、转化、影响因素及在土壤—植物中的迁移等方面。较多关注As在土壤—植物中的迁移可能对人体健康造成的伤害，明确As在土壤中的迁移位置和形态变化是解析As生物有效性和毒性的前提，但对土壤中As迁移转化的内在机理目前尚未开展较为系统的研究。土壤中As的变化较为复杂，不同地区成土母岩、土壤质地、气候环境等差异较大，会造成As在土壤中迁移转化过程不同。因此，在不同地区开展土壤As污染的研究，将有利于深化和丰富对As在不同环境介质迁移转化过程和机理的认识，对于准确评价土壤As污染的环境风险、正确进行As污染防控具有重要的理论与实践意义。

新疆准噶尔盆地西南缘的奎屯垦区为我国典型的高砷地下水区域，该地区属温带大陆性干旱荒漠气候，土壤中有机质含量低、碱性大、次生盐渍化严重。As的性质与大多数重金属不同，在土壤中多以含氧阴离子形式存在，碱性土壤中较多的阴离子如OH^-会与砷酸根离子竞争吸附位点。一般随pH值升高，土壤中As的释放量会增加，对As污染的土壤来说危害加重。本书通过对该地区农田土壤As浓度空间分布、As在盐碱土壤中的迁移特征和形态归趋等的研究，旨在进一步丰富As在不同环境介质迁移转化过程和机制理论研究，并为进行土壤As污染防控提供科学依据。

近5年来，著者致力于As的环境行为研究，取得了一定的研究成果。先后得到了国家自然科学基金项目（No.41761097、No.42067053）、教育部春晖计划等项目的联合资助。本书是在上述项目研究的基础上对相关研究成果和阶段性认识进行的及时总结、归纳和整理，供国内外同行参考与交流。

本书前言由罗艳丽撰写；第一章由罗艳丽、张玲卫、薛娜娜撰写；第二章由罗艳丽、郑玉红撰写；第三章由罗艳丽、邓雯文撰写；第四章由张玲卫、郑玉红、邓雯文撰写；第五章由薛娜娜、郑玉红、邓雯文撰写；第六章由张玲卫、刘畅撰写；第七章由罗艳丽撰写。全书最后由罗艳丽负责统稿，张玲卫、薛娜娜协助审核和校稿。研究生邓雯文、刘畅、刘晨通、晁博、董乐乐、郑玉红、王美娟、宋振、张千、何佳乐、解新哲等参加了项目的研究工作，在此一并深表谢意。本书引用了一些文献的相关内容，在此向被引用文献的作者致以诚挚的感谢。

由于本书著者水平有限，书中不足之处在所难免，敬请读者批评指正，以便今后不断完善，为推动我国原生劣质地下水研究、保障供水安全尽微薄之力。

著　者
2025年5月

目 录

第一章 概 述 ··· 1

  第一节 砷的性质 ··· 1

  第二节 土壤中As的来源和形态 ··· 2

  第三节 土壤中As的吸附、解吸 ··· 4

  第四节 土壤中As的迁移、转化 ··· 5

  第五节 土壤风险评价方法 ·· 9

  第六节 研究目的 ··· 12

第二章 准噶尔盆地农田土壤理化性质 ·································· 13

  第一节 样品采集与分析 ·· 13

  第二节 农田土壤理化性质 ··· 18

  第三节 讨 论 ··· 26

第三章 As在农田土壤中的吸附、解吸特征 ························· 28

  第一节 材料与方法 ·· 28

  第二节 吸附特征 ··· 32

  第三节 解吸特征 ··· 39

  第四节 表征分析 ··· 43

  第五节 讨 论 ··· 47

第四章 As在农田土壤中的迁移特征和影响因素 ··················· 50

  第一节 材料与方法 ·· 50

  第二节 As在农田土壤中的迁移特征 ································· 55

第三节　As在农田土壤中迁移的影响因素 ·················· 59
　　第四节　讨　论 ·· 72

第五章　As在农田土壤中的转化特征和影响因素 ·················· 76
　　第一节　材料与方法 ··· 76
　　第二节　As在农田土壤中的转化特征 ··························· 76
　　第三节　As在农田土壤中转化的影响因素 ···················· 89
　　第四节　讨　论 ·· 95

第六章　地下水影响下农田土壤砷的累积特征及风险评价 ······ 98
　　第一节　材料与方法 ··· 98
　　第二节　奎屯河下游区域地下水和农田土壤As的空间分布关系 ··· 101
　　第三节　不同灌溉方式对农田土壤As累积的影响 ·········· 102
　　第四节　奎屯河下游区域地下水和农田土壤As的风险评价 ······· 104
　　第五节　讨　论 ·· 108

第七章　结论与建议 ·· 111

参考文献 ·· 112

第一章 概　述

砷（As）是一种持久性污染物，由于其赋存形态多样，且具有显著的环境毒性，已成为全球环境科学领域广泛关注的焦点问题之一。土壤中的As污染一直是环境科学领域关注的重点问题之一。根据我国2014年发布的《全国土壤污染状况调查公报》结果，土壤中As的点位超标率为2.7%，在8种无机污染物中排名第三。土壤中的As污染具有隐蔽性、持久性和不可逆性等特点，一旦外源As进入土壤，会通过吸附、固定等过程不断累积，导致土壤中As浓度升高，进而危及农作物生产、土壤生态及人类健康安全。

明确As在土壤中的迁移路径和形态变化是解析As生物有效性和毒性的前提，土壤中As的变化较为复杂，不同地区成土母岩、土壤质地、气候环境等的差异，会造成As在土壤中迁移转化过程存在较大差异。因此，在不同地区开展土壤As污染的研究，有助于深化和丰富对As在不同环境介质中的迁移转化过程及其机理的认识，对于准确评价土壤As污染的环境风险、科学制定As污染防控策略具有重要的理论与实践意义。

第一节　砷的性质

砷，元素符号As，在化学元素周期表中位于第4周期、第ⅤA族，原子序数33，相对原子质量74.92。As是一种类金属元素，有灰砷（金属砷）、黄砷和黑砷3种同素异形体。自然界中仅存在质量数为75的一种稳定同位素，可以-3、-1、0、+3和+5这5种价态形式存在于自然界中。

除发现少量的天然砷外，已知有150多种含砷矿物，最普通的矿物是砷化物矿[如砷黄铁矿（FeAsS）、硫砷黄铁矿（FeAsS$_2$）、辉砷镍矿（NiAsS）、砷镍矿（NiAs$_2$）、砷铁矿（FeAs$_2$）、红砷镍矿（NiAs）]、硫化物矿[如雌黄（As$_2$S$_3$）、雄黄（As$_4$S$_4$）]、氧化物矿[如白砷矿（As$_2$O$_3$）]、砷酸盐矿[如毒石（CaHAsO$_4$·2H$_2$O）]。

第二节 土壤中As的来源和形态

一、土壤中As的来源

土壤环境中As的来源主要分为自然源和人为源。

自然源中的As主要是赋存于地质岩层中，决定了环境中As的背景值。As广泛存在于地壳表面，在地壳中的丰度为5.0 mg·kg^{-1}，世界土壤中As含量一般为0.1~58.6 mg·kg^{-1}，我国土壤中As背景值约为11.2 mg·kg^{-1}。自然源还包括某些含As的特殊矿床，As矿床的存在与开采可以导致局部环境中As的地球化学异常。

人为源主要是指工业"三废"的排放、农业含As农药的使用、高砷地下水的灌溉等所造成的As污染。As及其化合物常作为杂质存在于合金冶炼的原料、农药医药的废渣、颜料工业的半成品及成品中。在农业中，无机As化合物常被用作农药、杀虫剂和除草剂。原生高砷地下水在全球分布非常广泛，目前有超过4亿人的身体健康受到高砷地下水的威胁，尤其是在直接灌溉甚至饮用未经处理高砷地下水的广大农村地区。非饱和带中的As不仅会抑制农作物的生长，而且会通过食用、皮肤吸收等方式进入人体，对人体健康造成不可逆转的伤害。

二、土壤中As的形态

土壤中As的形态复杂多样，一般以无机As和有机As两种形态存在。常见的有机As有甲基胂酸盐（MMA）和二甲基胂酸盐（DMA），但是含量非常低，一般不超过土壤总有效As的1%，仅有少量的砷胆碱（AsC）、砷甜菜碱（AsB）可能存在于As污染严重的土壤中。无机As主要有亚砷酸盐As（Ⅲ）和砷酸盐As（Ⅴ），无机As的毒性最大，其中As（Ⅲ）的毒性是As（Ⅴ）的60倍，是甲基砷酸盐毒性的70倍。土壤中As以无机态为主，在干旱或者氧化条件下，无机As主要是以As（Ⅴ）形态存在；在淹水或者强还原条件下以As（Ⅲ）为主要形态，As的价态转化可以通过氧化—还原反应，在As（Ⅴ）和As（Ⅲ）之间进行转化，二者之间存在着动态平衡。在氧化环境中，低pH值（pH值<6.9）时，$H_2AsO_4^-$为主要成分，高pH值时，主要存在形态为$HAsO_4^{2-}$，而只有在极酸性或极碱性的条件下H_3AsO_4和AsO_4^{3-}才作为主要形态存在。在还原环境中，pH值<9.2时，不带电的H_3AsO_3为主要存在形态。

土壤中的As大多数被吸附在胶体上，或（和）有机物络合，或与铁、铝和钙离子结合形成难溶性的砷化物在土壤表面累积。有研究发现，土壤中有效态As含量与植物体内As的含量呈显著正相关，而与土壤总As含量没有相关性，即使在As含量低的土壤中，如果有效态As含量高，As仍可通过植物吸收进入食物链，从而增大对人体健康的危害。因此，As的结合形态是影响砷在土壤中生物有效性和生物毒性的关键所在。

进入土壤后的As，小部分被留在土壤溶液中，一部分被吸附在土壤胶体上，大部分被转化为难溶性砷化物。土壤中主要以无机态As存在，其结合形态主要包括：①土壤溶液中溶解出的水溶态As（H_2O-As）；②土壤黏粒或其他金属难溶盐表面上吸附的交换态As（A-As）；③铁型As（Fe-As）、钙型As（Ca-As）、铝型As（Al-As）等难溶性的砷酸盐；④在土壤颗粒晶体结构中被固定的或包裹在其他金属难溶盐沉淀中的残渣态As（O-As）。其中，Al-As和Fe-As对植物的毒性小于Ca-As。一般来说，土壤中主要以难溶性As为主，水溶性As很少。在酸性土壤中，As主要以铝砷酸盐（$AlAsO_4$）和铁砷酸盐（$FeAsO_4$）的形式存在，而在碱性和石灰性土壤上，含As的主要化合物为钙砷酸盐[$Ca_3(AsO_4)_2$]，$AlAsO_4$、$FeAsO_4$的溶解度小于$Ca_3(AsO_4)_2$。

第三节 土壤中As的吸附、解吸

As进入土壤后发生的第一个反应过程就是吸附，导致As在土壤环境中的重新分配。相对于吸附而言，解吸是它的逆过程，它可以使被吸附的As重新释放到土壤溶液中，并且影响着As的形态、迁移等方面，对于As在土壤中吸附、解吸行为的定量描述通常从动力学和热力学两个方面进行。

土壤对重金属吸附速率的大小能直接反映重金属的迁移性能，也能够深化认识重金属在土壤中物质转化动态规律。通常用于拟合的动力学模型主要有拟一级动力学、拟二级动力学、颗粒内扩散、Elovich、扩散—化学等。根据各个动力学模型的拟合程度选出最优拟合方程，从而计算出重金属的动力学参数。Ghorbanzadeh等（2015）研究黏土矿物对As（Ⅴ）和As（Ⅲ）的吸附时，使用拟一级、拟二级动力学和颗粒内扩散模型进行拟合，其中拟二级动力学模型拟合效果最好。Chen等（2021）研究湖南花岗岩和砂岩风化红壤吸附As（Ⅴ）时，发现拟二级动力学和扩散—化学模型拟合结果较好。Rahman等（2019）研究As农药长期污染的土壤吸附As（Ⅴ）的动力学结果表明，拟二级和Elovich动力学模型拟合相关性较好。但也有研究认为土壤化学动力学反应通常与供试的土壤理化性质和矿物学性质间存在一些非一致性关系。因此，土壤化学动力学反应机理的确定，不能仅依赖于回归分析的结果，还需运用有关试验手段。

等温吸附是一种热力学方法，吸附等温线可以用等温吸附模型进行拟合，从而推断出吸附界面上吸附质分子的状态和吸附层的结构。通常用于吸附等温线拟合的模型有Langmuir、Freundlich、Temkin、Henry、D-R，根据各个等温吸附模型的拟合程度选出最优拟合方程，从而计算出吸附参数。Kumar等（2016）研究印度旁遮普邦两个农业密集型地区冲积土吸附As（Ⅲ）和As（Ⅴ）表明，土壤样品对As（Ⅲ）和As（Ⅴ）的吸附特征均符合Langmuir、Freundlich、Temkin和D-R等温吸附模型。Gedik等（2015）研究美国路易斯安那州水稻土对砷酸盐吸附和解吸发现，Langmuir等温吸附模型是最佳拟合模型。Chen等（2017）研究中国长沙、株洲、湘潭地区冲积土对As（Ⅴ）的吸附特性表明，Langmuir模型比Freundlich模型能更好地拟合所有等温吸附数据。

第四节 土壤中As的迁移、转化

一、土壤中As的迁移及影响因素

1. 土壤中As的迁移

As化合物在进入土壤以后，由于土壤的复杂性，会发生很多复杂而又交互的物理反应、化学反应、生物化学反应（和秋红，2009）。杨晓伟（2013）研究发现，As的迁移使其在地球各个循环阶段及不同的环境中重新分布和累积，由于地表环境中物理化学条件及人类活动的影响，As在地表环境中会在一定的范围内经历重组与再分配。夏增禄等（1985）研究发现，As在土壤中的移动性较低，分布较为均匀，但外源As的进入往往在土壤表层形成聚集。刘洪莲等（2006）的研究指出，工业环境下土壤表层As的富集和垂直分布差异明显，相反，在非工业环境下这种纵向差异则不那么明显。廖晓勇等（2003）研究表明，在不同As污染水平的水稻田中，$0\sim20$ cm土层的含As量变化最为显著，其次是$80\sim100$ cm的土层，而中间层土壤的As变异性最小。而李湘凌等（2009）研究认为，土壤剖面中的As含量随深度增加而上升，说明As在土壤中具有较强的下移能力。曹淑萍（2004）进一步研究揭示了土壤性质与As在土壤剖面中的分布关系，发现随着土壤黏性的增加，As含量亦随着深度的加深而增加。郑国璋（2008）在关中平原污灌区的研究展示了土壤耕作层的富集特征，但指出向下层递减的趋势并不显著。Dittmar等（2007）研究了孟加拉国季节性漫灌对土壤As含量的影响发现，高As水灌溉会导致农田土壤As的积聚，并观察到As在土壤中存在垂直迁移的现象。Brammer和Ravenscroft（2009）探讨了地下水中的As对南亚和东南亚可持续农业的威胁，发现土壤中As的累积不仅可以横向迁移，还可能在多年间积累。

2. 土壤中As迁移的影响因素

土壤中As主要以土壤溶液中的溶解态进行迁移，土壤中As的迁移受多个因素影响，尤其是土壤理化性质和金属矿物。

土壤的pH值和氧化还原电位（Eh）对As的迁移起关键作用。随着pH值的上升，土壤对As的吸附量降低，从而增加了溶液中As的浓度。通常情况下，随pH值升高土壤中As（Ⅲ）和As（Ⅴ）的溶解度均增加，且它们的迁移能力也逐渐提高。土壤环境中带电物质的表面电荷受pH值的影响，进而影响了As（Ⅲ）和As（Ⅴ）的移动性，在低pH值条件，有利于固定移动性的As，而高pH值条件下则促进了As的迁移和释放（Eberle et al., 2021; Fan et al., 2020）。Yamaguchi等（2014）研究发现，淹水条件下的稻田土壤环境因pH值较高而促使As的解吸和释放进入土壤溶液中。同时，Arao等（2009）研究发现，pH值的提高会促使As的释放，而在低pH值下，As主要以As酸形态存在，高pH值下，则以亚As酸为主。Eh由好氧和厌氧微生物活动共同决定，并影响As在土壤中的氧化还原状态，从而影响土壤中As的迁移。Campbell和Nordstrom（2014）研究表明，As（Ⅴ）是氧化条件下的稳定价态，更倾向于被吸附，As（Ⅲ）则是还原条件下的稳定价态，具有更强的移动性。Masscheleyn等（1991）研究指出，在200～500 mV的氧化条件下，大部分As以As（Ⅴ）的形式存在，溶解度相对较低；而在0～200 mV的还原条件下，As（Ⅲ）成为主要形态，As的溶解度显著增加。

土壤中铁和锰氧化物的存在对As的迁移有很大的影响。贺纪正等（2009）指出As可通过与土壤中金属矿物表面的羟基（-OH）、氨基（$-NH_2$）等配位基团结合而吸附于土壤表面。尤其是铁和锰氧化物在土壤中广泛存在，其解吸和溶解过程显著影响As的迁移性。Mcgeehan和Naylor（1994）研究表明，淹水条件下的还原环境促进铁和锰氧化物的溶解，从而增加As在土壤中的迁移性。Wang等（2009）发现铁的还原性溶解导致土壤中As的释放，这一过程受微生物作用的影响。Tani等（2004）研究发现，锰氧化物可作为电子受体参与氧化过程，能将As（Ⅲ）氧化为As（Ⅴ），或通过直接吸附As（Ⅴ）来降低土壤中As的迁移性，特别是层状锰酸盐具有很强的氧化能力。因此，铁和锰氧化物对As的吸附和氧化还原过程会产生直接或间接影响，从而影响As在土壤环境中的迁移行为和归趋。

二、土壤中As的转化及影响因素

1. 土壤中As的转化

As在土壤中以各种形态存在，并能通过氧化还原等化学过程相互转化，因此，采用化学、物理和生物措施推动土壤中活性As向非活性As转化，是减少土壤As污染的关键。氧化还原反应的发生，受到Eh和pH值的影响，可以引起As（Ⅴ）和As（Ⅲ）之间的相互转化。曹元元等（2022）指出在还原条件下As（Ⅴ）可转化为吸附能力较弱的As（Ⅲ）。古秀萍和褚贵新（2019）探讨了外源性As（Ⅲ）和As（Ⅴ）在石灰性土壤中的转化过程，研究发现，随着培养时间的增加，水溶性As逐步转化为主要以钙形态存在的难溶性As。汪花（2019）的研究将As的形态转化过程归因于土壤中As主要以As酸盐和亚As酸盐形式的阴离子存在，这些阴离子在迁移过程中容易与铁、铝、钙等金属氧化物结合，从而形成铁型As、铝型As和钙型As等复合形态。王培培等（2018）研究指出，在适宜的条件下，土壤中的无机As可以通过生物甲基化反应转化为有机As。这些在土壤中发生的反应过程不仅涉及As的形态转化，也包括其在固相与液相、有效态与无效态之间的动态平衡，从而影响As在土壤中的迁移和转化程度。

2. 土壤中As转化的影响因素

土壤环境中As的化学形态和赋存形态在一定条件下会发生转化，从而影响As的生物有效性。土壤中As形态的转化取决于土壤pH值、Eh、土壤有机质等。

（1）土壤pH值。土壤的酸碱度，即pH值，是影响土壤中As的赋存形态及生物有效性的一个关键化学特性。在各类土壤环境下，通常pH值的波动会促使As形态之间的互相转化，进而影响其生物可利用性和毒性。胡留杰等（2008）研究发现，当pH值上升时，大部分As形态会转化为更易溶的亚As酸，导致土壤中可交换As及与碳酸盐结合的As含量上升，从而增强其生物毒性。Smedley和kinniburgh（2002）指出在氧化条件下，当pH值<6.9时，As的主要存在形态为$H_2AsO_4^-$，当pH值>6.9时，As以$HAsO_4^{2-}$为主。Yamaguchi等（2014）的研究进一步证实了土壤pH值与As吸附性之间的关系，发现高pH值土壤对As的吸附性较差，导致土壤中游离As含量增加。当pH值>10或pH值<1时，土壤对As的吸附作用减弱，As（Ⅴ）的吸附能力

低于As（Ⅲ）的吸附能力，As主要以水溶形态存在。李月芬等（2012）研究发现，随着土壤pH值的升高，交换态As和与铁锰氧化物结合的As含量也会增加。黄春雷等（2008）亦指出，铁锰氧化物结合态As与土壤pH值之间存在正相关关系，这可能因为pH值的升高导致土壤中的铁锰氧化物含量增加。

（2）土壤Eh。土壤中的Eh对重金属的稳定性和生物有效性具有直接影响。唐文忠等（2019）研究指出，土壤Eh可通过改变金属离子的价态从而影响其在土壤中的累积能力和存在形态，是影响重金属转化的关键因子之一。陈寻峰（2016）的研究进一步阐明，土壤中的氧化还原电位（Eh）可能通过影响As（Ⅲ）与As（Ⅴ）之间的相互转化，进而改变土壤中As的溶解度。Yamaguchi等（2014）研究发现，当Eh降至-68 mV和-75 mV时，稻田和休耕稻田表层土壤中溶解态As的含量显著增加。Honma等（2016）研究指出，As浓度与Eh之间存在一定的关系式$[As]=5.84\exp(-0.0144Eh)$，表明Eh的提高会减少土壤中As的生物有效性。周巾枚等（2019）的研究强调，在水稻田的还原环境中，随着铁锰氧化物的溶解，土壤中As的移动性增加，进一步证实铁锰氧化物结合态As为土壤中As的主要形态之一。这些研究结果共同表明，Eh的变化对土壤中As的生物有效性有显著影响，随Eh的升高，土壤中残渣态As含量的比例会明显增加。

（3）土壤有机质。有机质是As在土壤中转化的重要驱动因素。王春彦等（2019）研究表明，有机质对土壤As形态的改变起到了关键的作用，并通过吸附和络合等机制能有效降低土壤中As的生物有效性。同时，施强等（2021）及朱雁鸣等（2012）研究发现，有机质的存在可以增加土壤中有效态As的含量。刘霞等（2002）研究表明，有机质含量的增加，促进了碳酸盐结合态As向有机结合态As的转化过程。李月芬等（2012）研究表明，随着土壤有机质含量的升高，交换态As的含量会明显增加，铁锰结合态As和残渣态As的浓度则表现出下降的趋势。这种对As影响的差异，可能源于有机物的量、成分及其来源等不同因素。腐殖酸作为土壤有机质的关键组成部分，对As的生物有效性及其在土壤中的存在状态产生显著影响。王俊（2017）深入研究了腐殖酸中两个重要活性成分胡敏酸与富里酸对土壤中As形态及其生物有效性的作用。研究结果表明，这两种成分均有助于降低土壤中铝结合态和铁结合态As的浓度，同时增加残留态As的含量。不同的是，胡敏酸与富里酸的添加比例直接影响土壤中As的有效性，揭示了腐殖酸成分对改善土壤As污染状况的潜在重要性。

第五节　土壤风险评价方法

有关土壤重金属污染评价的方法较多，通过适当的评价方法对土壤重金属的污染状况进行准确评估，不仅能对土地资源的合理利用提供科学指导，还可以有效控制和降低重金属污染给土壤环境及人体健康带来的影响。王玉军等（2017）分析了1992—2016年国内和国外土壤重金属污染评价方法的应用情况，结果表明内梅罗综合污染指数法、地累积指数法和潜在生态风险指数法等方法较为成熟、应用广泛；此外，基于GIS的地统计学以及人体健康风险评估模型也普遍用于土壤重金属污染评价中，从重金属的空间分布到建立重金属含量与人体健康之间的关系，多角度对土壤中的重金属进行评价。常见评价方法如下。

1. 单因子污染指数法

单因子污染指数法可以确定单一重金属的污染程度。计算公式为：

$$P_i = \frac{C_i}{S_i}$$

式中，P_i为重金属i的环境质量指数；C_i为重金属i的实测值；S_i为重金属i的评价标准。分级标准：$P_i \leq 1$，未污染；$1 < P_i \leq 2$，轻度污染；$2 < P_i \leq 3$，中度污染；$P_i > 3$，重度污染。

2. 内梅罗综合污染指数法

内梅罗综合污染指数法是一种兼顾极值或突出最大值的计权型多因子环境质量指数计算方法。计算公式为：

$$P = \sqrt{\frac{P_{max}^2 + P_{ave}^2}{2}}$$

式中，P为内梅罗综合污染指数；P_{max}为采样点各单因子污染指数最大值；P_{ave}为采样点所有单因子污染指数平均值。

3. 地累积指数法

地累积指数法最早是用来对河流沉积物中的重金属污染状况进行评价，后又被广泛用于研究土壤重金属的污染程度。计算公式为：

$$I_{geo} = \log_2 \frac{C_i}{KB_i}$$

式中，I_{geo}为重金属i的地累积指数；C_i为重金属i的实测值，mg·kg^{-1}；B_i为重金属i的环境背景值，mg·kg^{-1}，本研究B_i选用新疆土壤As元素背景值11.20 mg·kg^{-1}；K为修正系数，为消除各地岩石差异可能引起背景值变动，一般取1.5。分级标准：$I_{geo} \leqslant 0$，无污染；$0 < I_{geo} \leqslant 1$，轻度污染；$1 < I_{geo} \leqslant 2$，中度污染；$2 < I_{geo} \leqslant 3$，强度污染；$I_{geo} > 3$，严重污染。

4. 潜在生态风险指数法

Hakanson潜在生态风险评价法计算公式为：

$$E_i = \frac{T_i \times C_i}{C_0}$$

式中，E_i为潜在生态风险参数；T_i为毒性响应参数，As取10；C_i为重金属i的实测值，mg·kg^{-1}；C_0为重金属的参比值，mg·kg^{-1}，本研究C_0选用新疆土壤As元素背景值11.20 mg·kg^{-1}。分级标准：$E_i < 40$，低潜在生态风险；$40 \leqslant E_i < 80$，中潜在生态风险；$80 \leqslant E_i < 160$，较高潜在生态风险；$160 \leqslant E_i < 320$，高潜在生态风险；$E_i \geqslant 320$，很高潜在生态风险。

5. 健康风险评价

根据美国国家环保局（USEPA）提出的健康风险评价模型对研究区域的As元素进行健康风险评价。土壤中的As主要经过手—口摄入、皮肤接触、呼吸吸入3种可能的暴露途径对人体构成威胁。计算公式为：

$$ADD_{土壤-手口} = (C \times IR_1 \times CF \times EF \times ED)/(BW \times AT)$$

$$ADD_{土壤-皮肤} = (C \times CF \times SA \times AF \times ABS \times EF \times ED)/(BW \times AT)$$

$$ADD_{土壤-呼吸} = (C \times IR_2 \times EF \times ED)/(BW \times PEF \times AT)$$

式中，ADD为不同暴露途径下As的日均暴露量，mg·(kg·d)$^{-1}$；C为重金属i在土壤中的实测值，mg·kg^{-1}；IR$_1$为土壤颗粒摄入量，成人和儿童分别为100 mg·d^{-1}、200 mg·d^{-1}；CF为土壤转化因子，成人和儿童均为10^{-6} kg·mg^{-1}；EF为暴露频率，指一年中居民与污染土壤接触的天数，d；ED为暴露持续时间，指整个生命周期中持续与污染土壤接触的年数，年；BW为平均体重，kg；AT为平均暴露时间，h；SA为土壤接触皮肤表面积，成人和儿童分别为5 700 cm^2、2 800 cm^2；AF为皮肤的黏附系数，成人和儿童分别为0.07 mg·(cm^2·d)$^{-1}$、0.2 mg·(cm^2·d)$^{-1}$；ABS为皮肤吸收因子（无量纲），成人、儿童均为10^{-3}；IR$_2$为呼吸频率，成人和儿童分别为20 m^3·d^{-1}、7.65 m^3·d^{-1}；PEF为灰尘排放因子，成人和儿童均为1.36×10 m^3·kg^{-1}。

$$CR_i = \sum (ADD_i \times SF_i)$$

式中，CR_i为致癌风险指数；ADD_i为致癌重金属在第i种暴露途径的日平均暴露量，mg·(kg·d)$^{-1}$；SF_i为致癌重金属在第i种暴露途径的斜率系数，经手—口途径暴露的斜率系数为1.5 (kg·d)·mg^{-1}，经皮肤途径暴露的斜率系数为3.66 (kg·d)·mg^{-1}，经呼吸途径暴露的斜率系数为15.1 (kg·d)·mg^{-1}。当CR<10^{-6}时，可忽略致癌风险水平；当CR在10^{-6}～10^{-4}，表示存在人体可接受的致癌风险；当CR>10^{-4}时，表明存在人体不可接受的致癌风险。

单一的评价方法存在一定的局限性，因此，大多数学者多采用两种或两种以上的方法从多角度综合反映土壤重金属的污染状况。Wang等（2019）采用单因子污染指数法、内梅罗综合污染指数法和潜在生态风险指数法对饶阳河湿地表层和深层土壤中的8种重金属进行污染评价。Chen等（2022）采用多种指数法和人类健康风险评估模型综合评估我国陕南某矿区土壤重金属污染程度和风险。Pan等（2018）利用2006—2016年中国32个城市土壤中多种重金属含量的文献数据，使用地累积指数法和富集因子法评价重金属污染水平，并评估其健康风险。何博等（2019）对研究区进行重金属污染评价时，结合GIS空间分析对土壤中重金属的空间分布以及污染风险进行可视化表达。在对农田土壤重金属污染评价中，将一种或多种指数法同人体健康风险评价（成晓梦 等，2022；Huang et al.，2019）或基于GIS的地统计学

（侯沁言 等，2019；Gupta et al.，2021）等方法相结合，实现从重金属含量到空间分布、生态毒性以及人体健康影响的综合评估。

第六节　研究目的

新疆准噶尔盆地是中国重要的农业和能源基地，其土壤及地下水中的As污染问题日益受到关注。该区域砷污染具有自然成因与人为活动叠加的复合特征，且受干旱区特殊的气候与水文地质条件影响，As的迁移转化机制十分复杂。

新疆奎屯垦区位于准噶尔盆地西南部的奎屯河流域，该地区属温带大陆性干旱荒漠气候，年平均气温变化为$-18 \sim 25.7$℃，年降水量为$82.1 \sim 160.7$ mm，年蒸发量为$1\,709.7 \sim 1\,761.9$ mm，蒸发量为降水量的10倍左右。新疆奎屯垦区是中国大陆最早确认的地方性砷中毒病区之一，该地区存在一个面积较大的地下水高砷区。为了控制地砷病，奎屯垦区通过修建水库饮用地表水，地砷病得到了控制。但随着对水资源的需求量日益增加，该地区大量开采地下水进行农田灌溉。该地区气候特征、地下水中As浓度差异较大，整体沿奎屯河流向逐渐升高。该地区开采有上千口的地下水井，主要用于农田灌溉。长期大量的高砷地下水农灌，是否会对灌区土壤和农产品质量产生影响和隐患？探究这个问题的前提是需要了解农田土壤的理化性质、高砷地下水灌溉后As在农田土壤中的迁移位置和主要形态。

因此，本研究以新疆奎屯垦区为研究区域，针对干旱区强蒸发的环境背景与农田盐碱土壤的特点，以干旱区土壤水分的变化为切入点，重点研究该地区农田土壤理化性质、As在盐碱土壤中的迁移特征和形态归趋等内容，旨在明确As在准噶尔盆地农田土壤中水平和垂直方向的迁移特性，厘清影响土壤中As迁移的主控因素，阐明As在农田土壤中化学形态和结合形态的最终归趋，明确农田土壤中As的生态风险，为全面揭示As在农田土壤中迁移转化过程及其机理，为科学评价高砷地下水灌溉的环境风险，正确进行盐碱土壤砷污染的防控提供理论和实践指导。

第二章 准噶尔盆地农田土壤理化性质

第一节 样品采集与分析

一、研究区概况

1. 地理位置

奎屯河流域位于准噶尔盆地西南部，南部是天山山脉的依连哈比尔尕山、婆罗科努山的北坡，北部是准噶尔界山山脉的玛依力山、扎伊尔山的南坡，东部为玛纳斯河流域的巴音沟河（又称安集海河），西部为精河流域的托托河，东西长160 km，南北最宽处达240 km，地理坐标北纬43°30′00″~47°04′00″，东经83°22′00″~85°47′00″，流域总面积2.83×10^4 km²。

2. 地形地貌

奎屯河流域以奎屯河下游河段为界，分为南、北两部分。南山区山脉走向呈西北—东南向，地势由南向北呈阶梯状下降。流域内主要河流有奎屯河、四棵树河、古尔图河，均发源于天山山脉的依连哈比尔尕山和婆罗科努山，海拔1 000~4 700 m，地势陡峻，沟谷深切，基岩裸露，海拔3 700 m以上，终年积雪。北山区山脉走向呈北东—南西向，海拔1 100~2 600 m，终年无冰雪覆盖，山势较为平缓，地势向东南和南西逐渐降低，植被发育中等。南山区与北山区间夹东宽西窄的平原，平原区总体地形为南北部高，中北部低，东部高，西部低，按成因可分为4个地貌单元，即山前冲洪积平原、冲积平原、风积平原和冲湖积平原。

3. 气候水文

奎屯河流域地处欧亚大陆腹地，属大陆性北温带干旱气候，是新疆北部光热资源最丰富、无霜期最长的地区之一。气候特点是冬寒夏热，温差大且空气干燥，蒸发量大，降水量少且年际变化大，最大与最小年降水量之差233 mm，最大降水出现时间主要集中在6—8月，约占全年的60%。

奎屯河流域南部的主要河流有四棵树河、莫特河、奎屯河、古尔图河、特吾勒特河等，斯月克河、柳树沟、苏吾尔河、恰勒尕依河等主要河流分布于流域北部。奎屯河流域地表水资源量每年为16.59亿m^3，其中北部山区每年为1.22亿m^3，南部山区每年为15.37亿m^3，地下水资源量每年为9.18亿m^3。流域水资源的变化规律是：山区产流、冲积洪积扇区水资源开始由地表转化到地下，进入平原区，地下水回归地表，加之人类生产用水的影响，地表水与地下水转化加剧，致使水量均在平原区消耗，区内几乎没有水量流出。从南、北山区山前至平原区腹地，地下水类型由单层结构潜水过渡到多层结构潜水—承压（自流）水。

4. 土壤特征

奎屯河流域山区土壤分布符合天山北坡垂直带分布规律，其受人为干扰相对较弱，基本处于自然状态。而平原区土壤则受人为活动影响较大，流域内平原土壤类型比较简单，主要土壤类型有灰漠土、林灌草甸土、灰棕漠土、盐土和风沙土。平原区土壤肥力较低，其中耕地土壤有机质含量小于10 $g·kg^{-1}$的面积占耕地面积的22.2%，土壤碱性大、次生盐渍化。农业种植以棉花为主，同时种植了大量的玉米、油葵、甜菜等食用性作物。

二、样品采集

1. 奎屯河下游

前期研究发现，奎屯垦区地下水中As浓度整体表现为从南向北逐渐升高，高砷地下水主要分布于奎屯河下游区域，因此2021年7月选择在奎屯河下游区域进行样品采集。采样前对研究区地下水水井的开采情况进行了系统调查，研究区开采的地下水水井多达上百口，井深在60~300 m，开采的水井有直接用于农田灌溉的（井灌），也有将地下水和地表水在灌溉渠道内混合后进行灌溉的（混灌），灌溉渠内的地表水来自车排子水库，水库的水源为奎屯河。前期多次对奎屯河水进行采样测定，研究结果表明，奎屯河水为低砷水（As≤10 µg·L^{-1}）。根据地下水水井的分布位点及灌溉情况，以地表水为对照，选择已开采的地下水水井进行样品采集，采样点尽可能地均匀分布。采样点共50个（井灌和混灌各25个），采集地表水水样2组、地下水水样50组，同时采集每口水井所灌溉的农田土壤样点，每个样点的取土深度分为0~10 cm、10~20 cm，共采集100个土壤样品。

2. 试验大田

新疆奎屯垦区126团是典型原生高As地下水区域。前期研究调查该地区地下水中As的质量浓度范围为6.55~400.68 µg·L^{-1}，平均值为225.47 µg·L^{-1}，地下水中As浓度差异较大，其中70%的地下水As浓度高于农业灌溉水标准。该地区的灌溉方式包括直接利用地下水灌溉和地下水与地表水混合后灌溉。为了解该区域的土壤理化性质，选取了两块相邻农田（相距约100 m）进行土壤样品采集。这两块耕地均种植了棉花，采用膜下滴灌的方式进行灌溉。灌溉井于2013年开采，井深均为180 m。地下水井水质见表2-1。

表2-1 地下水灌溉井指标

指标内容	pH值	Eh/mV	TDS/(mg·L^{-1})	K$^+$/(mg·L^{-1})	Na$^+$/(mg·L^{-1})	Ca^{2+}/(mg·L^{-1})	Mg^{2+}/(mg·L^{-1})
测量值	7.96	-56.80	4 128.28	5.30	962.37	125.31	217.70
指标内容	CO$_3^{2-}$/(mg·L^{-1})	HCO$_3^-$/(mg·L^{-1})	Cl$^-$/(mg·L^{-1})	SO$_4^{2-}$/(mg·L^{-1})	Fe/(µg·L^{-1})	Mn/(µg·L^{-1})	As/(µg·L^{-1})
测量值	16.49	192.40	1 011.39	1 597.33	87.13	265.77	262.79

地下水井G灌溉的农田内土壤盐碱差异较大，故分为两个区域进行采样，具体见图2-1。

在两个试验地中，分别选定一条滴灌带，并在每条滴灌带上选择了3个滴灌点。针对每个滴灌点，分别在0~5 cm、5~10 cm、10~15 cm和15~20 cm的土层深度采集土壤样品。测定土壤基本理化指标（pH值、电导率、有机质、全磷、速效磷、全氮、碱解氮、全钾、速效钾），土壤中的八大离子（Na$^+$、K$^+$、Ca^{2+}、Mg^{2+}、HCO$_3^-$、CO$_3^{2-}$、Cl$^-$、SO$_4^{2-}$）及溶解性总固体(TDS),土壤中金属(Fe、Mn、Cu、Zn、Si),土壤总As及6种结合态As(水溶态As、交换态As、铝型态As、铁型态As、钙型态As、残渣态As)。

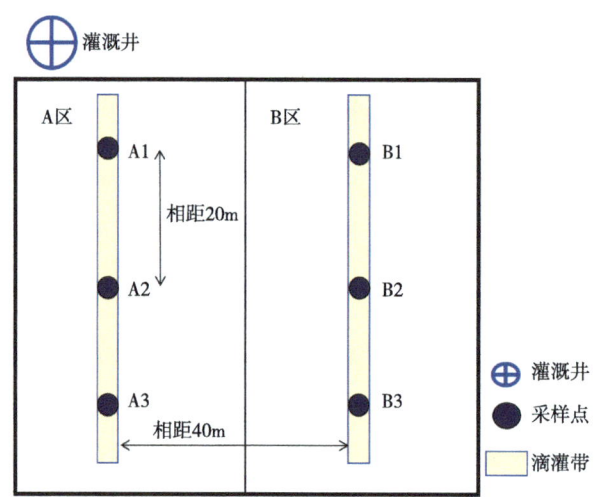

图2-1　试验区采样点分布

注:A区为中度盐渍化土壤;B区为重度盐渍化土壤。

三、测试方法

土壤基本理化性质的测定参考鲁如坤的《土壤农业化学分析方法》(2000)及鲍士旦的《土壤农化分析》(2000):土壤pH值采用电位法(水土比为2.5∶1)测定,电导率采用电导率仪测定,有机质(SOM)含量采用重铬酸钾滴定—外加热法测定,全磷采用高氯酸消煮—钼锑抗比色法测定,速效磷含量采用碳酸氢钠浸提—钼锑抗比色法,土壤全氮采用凯氏定氮仪测定,碱解氮采用碱解扩散法,全钾含量采用高氯酸消煮—火焰光度法测定,速效钾含量采用乙酸铵浸取—火焰光度法测定。

土壤中的盐分(TDS值)由八大离子(Na^+、K^+、Ca^{2+}、Mg^{2+}、HCO_3^-、CO_3^{2-}、Cl^-、SO_4^{2-})相加得到,八大离子采用水土质量比为5∶1的浸提液测定,其中Na^+和K^+采用火焰光度法测定,Ca^{2+}和Mg^{2+}采用原子吸收分光光度法测定,HCO_3^-和CO_3^{2-}采用双指示剂—中和滴定法测定,Cl^-采用硝酸银滴定法测定,SO_4^{2-}采用比浊法测定。

土壤总As参照《土壤和沉积物 汞、砷、硒、铋、锑的测定 微波消解/原子荧光法》（HJ 680—2013）对土样中的重金属进行消解，并采用原子荧光分光光度计（PF3型，北京普析）测定。土壤中的Fe、Mn、Cu、Zn等重金属采用石墨炉原子吸收光谱仪测定；水样中As（Ⅲ）、As（Ⅴ）采用液相色谱—原子荧光联用仪（LC-AFS）测定。

土壤As形态分析采用石灰性土壤As分级方法，分为水溶态As（H_2O-As）、交换态As（A-As）、钙型As（Ca-As）、铝型As（Al-As）、铁型As（Fe-As）和残渣态As（O-As）（武斌 等，2006），各形态的提取方法见表2-2。称取土样1.000 0 g ± 0.000 5 g，加入相应的提取液（固液比1∶20），采用恒温振荡器（25℃±1℃，150 r/min）振荡，固、液分离采用离心机离心，各步骤过滤后用饱和NaCl溶液（固液比1∶12.5）清洗滤渣2次，再进行下一级提取。土壤As各形态含量采用原子荧光光度计（北京普析）测定。

表2-2 土壤As结合形态的提取方法

形态	提取液	振荡条件	离心时间，速度
水溶态As（H_2O-As）	二次蒸馏水	25℃振荡0.5 h	3 min，4 000 r·min^{-1}
交换态As（A-As）	1 mol·L^{-1} NH_4Cl溶液	25℃振荡0.5 h	3 min，4 000 r·min^{-1}
铝型As（Al-As）	0.5 mol·L^{-1} NH_4F溶液	25℃振荡1 h	3 min，4 000 r·min^{-1}
铁型As（Fe-As）	0.1 mol·L^{-1} NaOH溶液	25℃振荡17 h	5 min，4 000 r·min^{-1}
钙型As（Ca-As）	0.25 mol·L^{-1} H_2SO_4溶液	25℃振荡1 h	2 min，4 000 r·min^{-1}
残渣态As（O-As）	土壤的全As含量与上述各结合形态As含量的差值		

通过对每个样品进行3次重复分析来确定主要的物理化学指标，所有试验结果取3次重复平均值进行计算，以减小试验误差。本研究用As标准溶液（GSB 04-1714-2004）作为原子荧光分光光度计测定As含量时的标准曲线，曲线的相关系数均大于0.999。在每批样品中，分析3个试剂空白（2%硝酸）加标准物质，其测定值均在标准范围内。

四、土壤养分分级标准

根据全国第二次土壤普查（1992），将土壤养分分为以下级别，见表2-3。

表2-3 土壤养分含量分级

级别	丰缺度	有机质（SOM）/（g·kg^{-1}）	速效磷（AP）/（mg·kg^{-1}）	速效钾（AK）/（mg·kg^{-1}）	碱解氮（AN）/（mg·kg^{-1}）
1	极丰	>40	>40	>200	>150
2	丰富	30~40	20~40	150~200	120~150
3	中上	20~30	10~20	100~150	90~120
4	中下	10~20	5~10	50~100	60~90
5	缺乏	6~10	3~5	30~50	30~60
6	极缺	<6	<3	<30	<30

五、数据处理

采用Excel进行试验数据统计，SPSS 25进行数据分析，Origin 9.1绘制点线图和柱状图，采用Surfer 8.0绘制等值线分布图。

第二节 农田土壤理化性质

一、奎屯河下游区域农田土壤理化性质

1. 奎屯河下游区域土壤基本理化性质

奎屯河下游区域土壤基本理化性质见表2-4。

表2-4 农田土壤基本理化性质

土层深度/cm	指标	样点数/个	最小值	最大值	均值	标准差	变异系数
0~10	pH值	50	7.06	9.68	7.98	0.61	0.08
	SOM/（g·kg^{-1}）	50	6.21	19.80	10.27	3.26	0.32
	AP/（mg·kg^{-1}）	50	15.54	137.23	46.47	24.50	0.53
	AK/（mg·kg^{-1}）	50	157.18	1 450.96	421.63	276.68	0.66
	AN/（mg·kg^{-1}）	50	27.12	178.84	81.37	43.98	0.54

（续表）

土层深度/cm	指标	样点数/个	最小值	最大值	均值	标准差	变异系数
10~20	pH值	50	7.32	9.71	8.06	0.59	0.07
	SOM/(g·kg^{-1})	50	6.09	18.70	11.24	2.89	0.26
	AP/(mg·kg^{-1})	50	3.23	79.28	21.59	16.62	0.77
	AK/(mg·kg^{-1})	50	161.62	1 129.17	335.18	209.27	0.62
	AN/(mg·kg^{-1})	50	18.59	169.23	64.37	34.30	0.53

2. 奎屯河下游区域土壤养分含量分级

根据全国第二次土壤普查养分分级标准，将研究区土壤单项养分含量进行分级，分级结果见表2-5。

表2-5 农田土壤养分含量分级

土层深度/cm	指标	占比/%					
		1级	2级	3级	4级	5级	6级
0~10	SOM/(g·kg^{-1})				50	50	
	AP/(mg·kg^{-1})	46	48	6			
	AK/(mg·kg^{-1})	88	12				
	AN/(mg·kg^{-1})	12	10	8	32	32	6
10~20	SOM/(g·kg^{-1})				64	36	
	AP/(mg·kg^{-1})	14	20	42	20	4	
	AK/(mg·kg^{-1})	84	16				
	AN/(mg·kg^{-1})	2	6	14	26	38	14

由表2-4和表2-5可知，0~10 cm土层中，pH值为7.06~9.68，平均值为7.98，有70%的土壤样点pH值大于7.5，10~20 cm土层中，pH值为7.32~9.71，平均值为8.06，有84%的土壤样点pH值大于7.5，研究区农田土壤整体处于碱性环境；0~10 cm土层中，有机质含量为6.21~19.80 g·kg^{-1}，平均值为10.27 g·kg^{-1}，处于4级、5级水平的有机质各占50%，10~20 cm

土层中，有机质含量为6.09~18.70 g·kg^{-1}，平均值为11.24 g·kg^{-1}，处于4级、5级水平的有机质分别有64%、36%，研究区有机质的含量整体较缺乏；0~10 cm土层中，速效磷含量为15.54~137.23 mg·kg^{-1}，平均值为46.67 mg·kg^{-1}，分别有46%、48%的速效磷处于1级、2级水平，速效磷的含量较为丰富，10~20 cm土层中，速效磷含量为3.23~79.28 mg·kg^{-1}，平均值为21.59 mg·kg^{-1}，处于1级、2级水平中的速效磷分别占14%、20%，低于0~10 cm土层中速效磷的含量；0~10 cm土层中，速效钾含量为157.18~1 450.96 mg·kg^{-1}，平均值为421.63 mg·kg^{-1}，10~20 cm土层中，速效钾含量为161.62~1 129.17 mg·kg^{-1}，平均值为335.18 mg·kg^{-1}，两层土壤中，分别有88%、84%的速效钾处于1级水平，速效钾含量极为丰富；0~10 cm土层中，碱解氮含量为27.12~178.84 mg·kg^{-1}，平均值为81.37 mg·kg^{-1}，10~20 cm土层中，碱解氮含量为18.59~169.23 mg·kg^{-1}，平均值为64.37 mg·kg^{-1}，碱解氮含量主要分布于4级、5级水平。

3. 奎屯河下游区域农田土壤重金属含量

奎屯河下游区域农田土壤中Fe、Mn、Cu、Zn的含量统计结果如表2-6所示。由表2-6可知，研究区土壤中4种重金属元素的含量大小表现为Fe>Mn>Zn>Cu，Fe、Mn的变异系数小于0.15，属于弱变异性，Cu、Zn的变异系数处于0.15~0.36，属于中等变异性。

表2-6 土壤重金属含量统计特征

土层深度/cm	重金属	样点数/个	最小值	最大值	均值	标准差	变异系数
0~10	Fe/(g·kg^{-1})	50	20.22	27.14	23.47	1.89	0.08
	Mn/(mg·kg^{-1})	50	563.75	804.00	653.14	55.94	0.09
	Cu/(mg·kg^{-1})	50	15.12	43.83	29.92	6.13	0.20
	Zn/(mg·kg^{-1})	50	50.08	95.77	72.22	11.17	0.15
10~20	Fe/(g·kg^{-1})	50	19.93	30.41	24.38	2.78	0.11
	Mn/(mg·kg^{-1})	50	526.98	824.61	651.98	61.44	0.09
	Cu/(mg·kg^{-1})	50	21.21	50.72	32.96	7.67	0.23
	Zn/(mg·kg^{-1})	50	52.68	104.64	76.42	13.62	0.18

4. 奎屯河下游区域农田土壤中As结合形态的统计特征

土壤重金属的危害不仅与自身总量有关，还与其赋存形态有关。土壤中As的结合形态主要包括水溶态As（H_2O-As）、交换态As（A-As）、钙型As（Ca-As）、铝型As（Al-As）、铁型As（Fe-As）和残渣态As（O-As）。奎屯河下游区域农田土壤中As各结合形态的含量见表2-7。由表2-7可知，土壤中不同结合形态As的含量存在差异，两层土壤中各形态As的占比均表现为O-As>Ca-As>Al-As>Fe-As>A-As>H_2O-As。H_2O-As在两层土壤中的百分比均值分别为1.63%、1.68%，占比最低，Ca-As含量显著大于Al-As和Fe-As含量，残渣态As含量显著高于其余5种结合形态As含量，土壤以残渣态As为主。各结合形态As的平均含量表现为As（0~10 cm）>As（10~20 cm）。

表2-7 土壤As结合形态统计参数

土层深度/cm	形态	样点数/个	范围/(mg·kg^{-1})	均值/(mg·kg^{-1})	标准差	变异系数	百分比范围/%	百分比均值/%
0~10	H_2O-As	50	0.06~0.68	0.20 d	0.12	0.60	0.53~4.85	1.63
	A-As	50	0.08~0.63	0.28 d	0.13	0.48	0.48~4.94	2.35
	Al-As	50	0.55~1.49	0.87 c	0.22	0.26	4.13~10.06	7.27
	Fe-As	50	0.05~0.87	0.34 d	0.17	0.51	0.67~8.99	2.83
	Ca-As	50	0.96~5.86	3.33 b	1.21	0.36	10.66~45.72	26.61
	O-As	50	3.53~13.82	7.44 a	2.50	0.34	40.08~75.47	59.31
10~20	H_2O-As	50	0.03~0.34	0.16 d	0.08	0.48	0.18~5.47	1.68
	A-As	50	0.12~0.49	0.25 cd	0.08	0.33	1.11~5.49	2.50
	Al-As	50	0.31~1.48	0.64 c	0.22	0.34	3.25~12.41	6.07
	Fe-As	50	0.09~0.91	0.28 cd	0.16	0.58	0.89~8.61	2.63
	Ca-As	50	1.02~6.69	3.31 b	1.32	0.40	11.37~40.52	30.05
	O-As	50	2.23~12.29	6.32 a	2.28	0.36	45.07~72.16	57.07

注：不同小写字母表示相同深度下各形态As含量在$P<0.05$水平上差异显著。

二、试验大田土壤的理化性质

1. 试验大田土壤基本理化性质

表2-8为试验大田的土壤基本理化指标。试验的农田内种植作物为棉花，该试验大田利用地下水井灌溉了10年。鉴于大田试验的农田土壤盐碱差异较大，试验将其分为A区和B区两个区域。由表2-8可知，A区的土壤总As的浓度在14.24~15.13 mg·kg^{-1}，均值为14.57 mg·kg^{-1}，是新疆地区As的背景值（11.20 mg·kg^{-1}）的1.3倍，最高的总As浓度出现在深度为5~10 cm的土层。土壤呈碱性，pH值为7.89~7.99，TDS值为3 501.76~4 513.39 mg·kg^{-1}，属于中度盐渍化土壤（2 000~4 000 mg·kg^{-1}）。阳离子主要以Na^+、Ca^{2+}和Mg^{2+}为主，阴离子以Cl^-和SO_4^{2-}为主。

B区的土壤总As浓度范围在18.11~19.67 mg·kg^{-1}，平均为18.98 mg·kg^{-1}，是新疆地区背景值的1.7倍，最高的总As浓度也在深度为5~10 cm的土层。B区土壤的pH值在8.35~8.44，表现出更强的碱性环境，而TDS值为6 179.72~7 262.82 mg·kg^{-1}，属于重度盐渍化土壤（4 000~10 000 mg·kg^{-1}），主要阳离子为Na^+、Ca^{2+}和Mg^{2+}，阴离子为Cl^-和SO_4^{2-}。

表2-8 土壤基本理化指标

	土层深度/cm	总As/(mg·kg^{-1})	pH值	TDS值/(mg·kg^{-1})	Cl^-/(mg·kg^{-1})	SO_4^{2-}/(mg·kg^{-1})	Na^+/(mg·kg^{-1})	Ca^{2+}/(mg·kg^{-1})	Mg^{2+}/(mg·kg^{-1})
A区	0~5	14.47	7.99	3 501.76	265.88	782.52	839.74	1 294.89	219.72
	5~10	15.13	7.90	4 513.39	236.83	1 281.97	951.05	1 674.47	243.47
	10~15	14.46	7.89	3 652.16	211.22	1 080.45	818.68	1 186.47	220.17
	15~20	14.24	7.91	3 632.08	168.88	930.30	755.87	1 396.92	263.14
B区	0~5	19.31	8.35	7 132.14	590.83	1 786.94	2 099.55	2 178.08	331.06
	5~10	19.67	8.44	7 262.82	418.01	2 254.78	1 668.73	2 426.94	372.25
	10~15	18.82	8.36	6 576.89	345.64	2 010.59	1 450.49	2 282.75	342.19
	15~20	18.11	8.37	6 179.72	316.59	1 892.05	1 325.76	2 196.31	293.17

2. 试验大田土壤的营养成分

表2-9为试验田土壤养分含量。由表2-9可以看出，在A区中度盐渍化土壤中，有机质的含量在37.25～39.51 g·kg^{-1}，平均值为38.33 g·kg^{-1}，在15～20 cm深度最高，达到39.51 g/kg，其次是0～5 cm；全氮、全磷和碱解氮的平均含量分别为1.49 g·kg^{-1}、0.53 g·kg^{-1}和19.75 mg·kg^{-1}，这些养分含量均在10～15 cm处最高；全钾、速效磷和速效钾的含量平均值分别为4.84 g·kg^{-1}、36.54 mg·kg^{-1}和119.70 mg·kg^{-1}，在0～5 cm处最高。整体来看，A区中度盐渍化土壤养分含量在不同土层深度间存在一定的变化。有机质、全氮、全磷和全钾含量较为稳定，变化不大。碱解氮的含量在10～15 cm深度处较高，而速效磷和速效钾在0～5 cm含量最高。这些分布特征可能与土壤类型、土壤结构有关。

表2-9 试验大田土壤养分含量

	土层深度/cm	有机质/(g·kg^{-1})	全氮/(g·kg^{-1})	全磷/(g·kg^{-1})	全钾/(g·kg^{-1})	碱解氮/(mg·kg^{-1})	速效磷/(mg·kg^{-1})	速效钾/(mg·kg^{-1})
A区	0～5	38.79	1.36	0.53	5.77	14.67	50.26	125.82
	5～10	37.25	1.43	0.51	4.32	16.23	34.09	116.26
	10～15	37.75	1.85	0.57	4.56	27.18	32.39	118.82
	15～20	39.51	1.30	0.49	4.72	20.92	29.42	117.89
	平均值	38.33	1.49	0.53	4.84	19.75	36.54	119.70
B区	0～5	44.16	1.80	0.48	8.11	32.61	41.67	145.10
	5～10	42.81	1.77	0.48	6.50	28.92	35.42	132.97
	10～15	42.30	1.97	0.45	6.57	22.79	30.84	134.92
	15～20	42.09	1.57	0.44	6.45	25.75	27.09	155.29
	平均值	42.84	1.78	0.46	6.91	27.52	33.75	142.07

在B区重度盐渍化土壤中，有机质含量的平均值为42.84 g·kg^{-1}，在0～5 cm深度最高，达到44.16 mg·kg^{-1}；全氮含量的平均值为1.78 g·kg^{-1}，在10～15 cm深度最高，达到1.97 g·kg^{-1}；全磷、全钾、碱解氮和速效磷的平均含量分别为0.46 g·kg^{-1}、6.91 g·kg^{-1}、27.52 mg·kg^{-1}和33.75 mg·kg^{-1}，这些养分含量均在0～5 cm处最高；速效钾含量平均值为142.07 mg·kg^{-1}，在

15~20 cm处最高。整体来看，B区重度盐渍化土壤中，在不同土层深度范围内，各养分含量有所变化。有机质含量在不同土层深度范围内变化不大，而氮、磷、钾等元素含量在不同土层深度范围内存在一定的波动。

3. 试验大田土壤重金属含量

表2-10为试验大田土壤重金属含量。由表2-10可知，在A区中度盐渍化土壤中，Fe含量、Mn含量和Si含量平均值分别为28.25 g·kg^{-1}、642.60 mg·kg^{-1}和216.59 mg·kg^{-1}，均在0~5 cm深度最高；Cu的平均含量为24.41 mg·kg^{-1}，在15~20 cm处最高；Zn含量的平均值为64.27 mg·kg^{-1}，其中5~10 cm深度最高。A区中度盐渍化土壤中各重金属的含量总体上呈现出一定的差异，且在不同深度的样点中存在一定的波动。

在B区重度盐渍化土壤中，Fe含量、Mn含量和Si含量的平均值分别为34.25 g·kg^{-1}、645.21 mg·kg^{-1}和251.12 mg·kg^{-1}，均在0~5 cm深度最高；Cu的平均含量为33.08 mg·kg^{-1}，在15~20 cm深度最高；Zn含量的平均值为58.53 mg·kg^{-1}，5~10 cm深度最高。B区重度盐渍化土壤中各重金属的含量总体上呈现出一定的差异，在不同深度的样点中存在一定的波动，但整体水平较高。

表2-10 试验大田土壤重金属含量

	土层深度/cm	Fe/(g·kg^{-1})	Mn/(mg·kg^{-1})	Cu/(mg·kg^{-1})	Zn/(mg·kg^{-1})	Si/(mg·kg^{-1})
A区	0~5	31.96	691.22	22.68	56.81	228.00
	5~10	30.41	648.78	23.11	76.81	203.91
	10~15	26.66	617.19	24.11	65.87	214.59
	15~20	23.97	613.21	27.73	57.61	219.85
	平均值	28.25	642.60	24.41	64.27	216.59
B区	0~5	38.87	672.92	30.68	56.50	263.51
	5~10	36.66	641.23	31.58	65.58	245.28
	10~15	32.71	623.82	34.45	59.56	238.08
	15~20	28.74	642.88	35.60	52.49	257.61
	平均值	34.25	645.21	33.08	58.53	251.12

4. 试验大田土壤中As的分布特征

表2-11为试验区土壤中各形态As的浓度。由表2-11可知,在灌溉井高As咸水10年的灌溉背景下,A区中度盐渍化土壤中的总As浓度在14.24~15.13 mg·kg^{-1},均值为14.57 mg·kg^{-1},超出了新疆地区As的背景值（11.20 mg·kg^{-1}）,5~10 cm深度处的土壤总As浓度最高（15.13 mg·kg^{-1}）,其次是0~5 cm（14.47 mg·kg^{-1}）。具体到不同形态的As,水溶态As（H_2O-As）、交换态As（A-As）、铝型态As（Al-As）、铁型态As（Fe-As）和钙型态As（Ca-As）的浓度均值依次为0.07 mg·kg^{-1}、0.34 mg·kg^{-1}、0.32 mg·kg^{-1}、0.60 mg·kg^{-1}和5.60 mg·kg^{-1},这些As的形态均在表层0~5 cm处浓度最高,而残渣态As（O-As）的浓度均值为7.66 mg·kg^{-1},在5~10 cm处浓度最高。综合分析可知,A区中度盐渍化土壤中总As浓度相对稳定,土壤各结合形态大小为O-As>Ca-As>Fe-As>A-As>Al-As>H_2O-As,但各结合态As的浓度存在一定差异。H_2O-As浓度较低,而O-As浓度相对较高,表明O-As可能是As在土壤中的主要载体之一。

表2-11 试验大田土壤各形态As的浓度

	土层深度/cm	T-As/(mg·kg^{-1})	H_2O-As/(mg·kg^{-1})	A-As/(mg·kg^{-1})	Al-As/(mg·kg^{-1})	Fe-As/(mg·kg^{-1})	Ca-As/(mg·kg^{-1})	O-As/(mg·kg^{-1})
A区	0~5	14.47	0.10	0.38	0.35	0.74	5.80	7.11
	5~10	15.13	0.07	0.30	0.33	0.74	5.76	7.93
	10~15	14.46	0.06	0.32	0.31	0.49	5.49	7.80
	15~20	14.24	0.06	0.36	0.28	0.41	5.35	7.78
	平均值	14.57	0.07	0.34	0.32	0.60	5.60	7.66
B区	0~5	19.31	0.20	0.30	0.46	1.70	8.08	8.57
	5~10	19.68	0.17	0.26	0.38	1.76	7.38	9.72
	10~15	18.82	0.15	0.24	0.37	1.50	6.71	9.85
	15~20	18.11	0.14	0.26	0.34	1.42	6.64	9.31
	平均值	18.98	0.17	0.27	0.39	1.60	7.20	9.36

由表2-11可知,在同一灌溉井G高As咸水持续灌溉10年的背景下,B区

域土壤的总As浓度范围在18.11～19.68 mg·kg^{-1}，平均浓度为18.98 mg·kg^{-1}，明显超出了新疆地区As的背景值（11.20 mg·kg^{-1}），土壤总As浓度的垂直分布特征显示，5～10 cm深度处的土壤总As浓度最高（19.68 mg·kg^{-1}），随后是0～5 cm（19.31 mg·kg^{-1}）、10～15 cm（18.82 mg·kg^{-1}）和15～20 cm（18.11 mg·kg^{-1}）。土壤中H_2O-As、A-As、Al-As和Ca-As均在表层0～5 cm处最高；而Fe-As在5～10 cm处浓度最高，O-As在10～15 cm处最高。从总体趋势来看，O-As>Ca-As>Fe-As>Al-As>A-As>H_2O-As，各形态As的浓度随深度的增加有轻微减少的趋势，特别是Ca-As和O-As，这可能是由于表层土壤与大气和生物活动的交互作用更为频繁。综合分析表明，B区重度盐渍化土壤中总As浓度相对较高，但不同结合态As的浓度存在显著差异。H_2O-As浓度相对较低，而O-As浓度相对较高，表明O-As可能是土壤中As的主要储存形式之一。

第三节 讨 论

As的赋存形态对As在土壤中的累积、迁移及生物有效性具有重要影响，由于土壤本身的复杂性，As处于不同的土壤环境中，其存在状态也有所差异。有学者指出，外源As进入土壤后，其转化成有效态的百分比一般不高于10%，最低仅为0.1%，平均为4%（武斌 等，2006）。本研究中，有效态As的含量在5%以下。宋书巧等（2003）在受矿山重金属污染的农田中发现，残渣态As的含量最高，占总量的65.76%。唐世琪等（2021）研究表明，典型碳酸盐岩区耕地土壤剖面中，As总体上以残渣态为主，残渣态在不同土层中的比例均在80%以上。严明书等（2014）指出，残渣态As的分布受土壤类型影响较大，在石灰土、黄壤、紫色土和水稻土中的比例分别为67.29%、55.13%、39.86%、12.62%。研究区属于石灰性土壤，残渣态As含量最高，占比接近60%，是农田土壤As的主要形态，生态风险最低。

本研究在同一灌溉井水G高As咸水10年灌溉下，重度盐渍化土壤在碱性和盐分含量方面均高于中度盐渍化土壤，重度盐渍化土壤中的As浓度明显高于中度盐渍化土壤，并且都超过了新疆地区As的背景值（11.20 mg·kg^{-1}）。王莹（2011）研究发现，长期使用高As地下水进行灌溉会导致农田表层土壤中As的浓度高达83 mg·kg^{-1}。Casentini（2011）等在希腊北部，因使用含As量高的地下水灌溉，导致农业土壤中As大量积累，许多土壤中As含量达到了40 mg·kg^{-1}，可向下迁移至少50 cm。本研究中残渣态As在两个区域中均为较高的含量，中度和重度盐渍化土壤的平均值分别为7.66 mg·kg^{-1}和9.37 mg·kg^{-1}，显示残渣态As是两个区域土壤中As的主要储存形式之一。残渣态As在土壤中相对稳定，几乎不具备生物可利用性，这部分As被固定在矿物晶格中，植物难以吸收，因而其毒性最低。李益华等（2020）研究显示，土壤中As主要以残渣态形式存在，占总As含量的52%～79%。从垂直分布特征看，两个区域的As含量在0～5 cm的表层土壤中均较高，这可能与表层土壤接触大气和生物活动更为频繁有关。比较中度和重度盐渍化土壤中As的浓度和分布，可以看出，重度盐渍化土壤中的总As浓度以及特定形态As的含量高于中度盐渍化土壤。

第三章 As在农田土壤中的吸附、解吸特征

第一节 材料与方法

一、供试土壤

试验所用土壤采自新疆奎屯垦区126团的棉田,土壤类型为灰漠土,经风干后过5 mm筛用于模拟灌溉试验,其余过20目尼龙筛备用。供试土壤的理化性质见表3-1、表3-2。

表3-1 供试土壤物理性质

指标测量值	土壤机械组成			土壤质地
	砂粒 (2~0.02 mm)	粉粒 (0.02~0.002 mm)	黏粒 (<0.002 mm)	
	28.67%	36.29%	35.04%	壤质黏土

表3-2 供试土壤化学性质

指标测量值	pH值	EC/ ($mS \cdot cm^{-1}$)	CEC/ ($cmol \cdot kg^{-1}$)	全As/ ($mg \cdot kg^{-1}$)	全Fe/ ($g \cdot kg^{-1}$)	全Mn/ ($g \cdot kg^{-1}$)	有机质/ ($g \cdot kg^{-1}$)
	7.86	2.93	4.98	9.98	13.99	0.53	5.99
指标测量值	全氮/ ($g \cdot kg^{-1}$)	碱解氮/ ($mg \cdot kg^{-1}$)	全磷/ ($g \cdot kg^{-1}$)	速效磷/ ($mg \cdot kg^{-1}$)	全钾/ ($g \cdot kg^{-1}$)	速效钾/ ($mg \cdot kg^{-1}$)	有机碳/ ($g \cdot kg^{-1}$)
	4.09	36.85	0.39	24.98	8.80	45.68	3.47

二、试验设计

1. 吸附和解吸试验

（1）吸附试验。吸附试验中主要考虑反应时间（t）、初始As（Ⅴ）浓度（C_0）、反应温度（T）对吸附的影响。奎屯垦区地下水最大As浓度为1.15 mg·L^{-1}，且以As（Ⅴ）为主；6—8月最高气温37.9℃，最低气温10.3℃，平均气温25.4℃。因此将吸附试验C_0设置为1 mg·L^{-1}和10 mg·L^{-1}，T设置为15℃、25℃和35℃。具体设置条件见表3-3。

表3-3 As在土壤上的吸附条件

考察对象	t/min	C_0/（mg·L^{-1}）	T/℃
反应时间效应	5、10、30、60、120、240、480、960、1 440	1、10	25
初始浓度效应	1 440	0.5、1、2、4、6、8、10、25、50	15、25、35

分别称取1.000 0 g±0.000 5 g经自然风干并通过100目尼龙筛的土壤至50 mL离心管中，加入不同初始浓度（C_0）的As（Na$_3$AsO$_4$·12H$_2$O）溶液20 mL，以0.01 mol·L^{-1} NaCl溶液为支持电解质，各浓度As（Ⅴ）溶液均调节pH值至8.00（该地区高砷地下水pH值在8左右），随即置于恒温振荡器（HZQ-2型）中，振荡速度为200 r·min^{-1}，恒温（T）条件下振荡一定时间（t）后，在离心机（LXJ-ⅡB型）上离心10 min（转速4 000 r·min^{-1}），取上层清液过0.45 μm滤膜至15 mL离心管中，测定溶液中As的浓度，根据起始浓度的差值，按照下列公式计算土壤As（Ⅴ）的吸附量与吸附率。

$$Q_1 = \frac{(C_0 - C_1) \times V_1}{m}$$

$$\eta = \frac{(C_0 - C_1)}{C_0}$$

式中，Q_1为平衡时刻土壤对As的吸附量，mg·kg^{-1}；C_1和C_0分别是平衡时刻和初始时刻溶液中As的浓度，mg·L^{-1}；V_1为As溶液的体积，mL；m为土壤样品质量，g；η为吸附率，%。

（2）解吸试验。解吸试验在吸附完成后的土样上进行，具体设置条件见表3-4所示。

表3-4 As在土壤上的解吸条件

考察对象	t/min	解吸液	T/℃
反应时间效应	5、10、30、60、120、240、480、960、1 440	0.01 mol·L^{-1} NaCl	25
初始浓度效应	1 440		15、25、35

将吸附试验后的土样用去离子水洗涤2次，放入烘箱60℃下烘干、称重。向土样中加入0.01 mol·L^{-1} NaCl溶液20 mL对As（Ⅴ）进行解吸，在恒温（T）条件下振荡一定时间（t）后，上机离心10 min（离心速度为4 000 r·min^{-1}），取离心后的上层清液过0.45 μm滤膜，测定溶液中As浓度，从而确定As的解吸量。按照下列公式计算解吸量和解吸率。

$$Q_2 = \frac{C_2 \times V_2}{m}$$

$$\omega = \frac{Q_2}{Q_1}$$

式中，Q_1为吸附平衡时土壤对As的吸附量，mg·kg^{-1}；Q_2为解吸平衡时土壤对As的解吸量，mg·kg^{-1}；C_2为解吸平衡时上清液As浓度，mg·L^{-1}；V_2为解吸剂溶液的体积，mL；m为土壤样品质量，kg；ω为解吸率，%。

2. 吸附—解吸模型

（1）动力学模型。As在土壤中的吸附过程常用准一级、准二级动力学和颗粒内扩散模型进行试验数据拟合。3种模型的表达式如下：

准一级方程：$\ln(Q_1 - Q_t) = \ln Q_1 - k_1 t$

准二级方程：$\dfrac{t}{Q_t} = \dfrac{1}{k_2 Q_1^2} + \dfrac{t}{Q_1}$

颗粒内扩散方程：$Q_t = k_i t^{0.5} + a$

式中，Q_1为吸附平衡时土壤对As的吸附量，mg·kg^{-1}；Q_t为t时刻As吸附量，mg·kg^{-1}；k_1、k_2、k_i为吸附速率常数，kg·(mg·min)$^{-1}$；a为与边界层厚度有关的常数；t为吸附反应时间，min。

（2）等温吸附模型。溶液中的溶质在土壤表面的等温吸附特性通常用Langmuir、Freundlich和Temkin模型来描述。3种模型的表达式如下：

Langmuir方程：$\dfrac{1}{Q_1} = \dfrac{1}{Q_m} + \dfrac{k_L}{Q_m} \cdot \dfrac{1}{C_1}$

Freundlich方程：$\lg Q_1 = \lg K_F + \dfrac{1}{n}\lg C_1$

Temkin方程：$Q_1 = a\ln K_T + a\ln C_1$

式中，C_1为吸附平衡时刻溶液中As的浓度，mg·L^{-1}；Q_m为最大As吸附量，mg·kg^{-1}；K_L、K_F、K_T为吸附平衡常数；n为吸附强度常数；a为与吸附热有关的物理量。

三、分析方法

（1）土壤理化性质的测定。土壤理化性质的测定（鲍士旦，2000）：pH值采用酸度计（FE28-Meter型）测定；氧化还原电位（Eh）采用氧化还原电位仪（QX6530型）测定；电导率（EC）采用电导仪（DDS-307型）测定。

（2）土壤溶液中各指标的测定。土壤溶液中的pH值和Eh测定均采用便携式多参数水质分析仪（DZB-718-B型）；溶解性总固体（TDS）测定采用便携式精密TDS测定仪。

（3）傅里叶红外测试。傅里叶红外（FTIR）可以提供土壤样品中无机物和有机物中含碳氧官能团的分布状况，从而进一步了解土壤的化学特性。不同位置所代表的不同键也表明了复杂物质中所含有的官能团，通过吸附、解吸前后吸收峰的不同变化可以更好地解释土壤与As之间的结合特征。为判断吸附、解吸前后土壤中发生的化学变化和阐释吸附机理，通过溴化钾压片法，设定分辨率为0.5~2.0 cm^{-1}，利用傅里叶红外光谱仪（WQF-520型）在400~4 000 cm^{-1}波数范围内分别对吸附、解吸前后的土壤样品进行红外光谱定性分析其化学键以及化学官能团的种类；准确测定固定波数处的吸收峰的峰高，选取吸收峰波长范围，对范围内吸收峰进行积分，分析其相对峰面积。按照下列公式计算相对峰面积。

$$rA_i = \dfrac{P_i}{\sum P}$$

式中，rA_i是i波长处的吸收峰相对面积；P_i是i波长处吸收峰的面积；$\sum P$是i波长处吸收峰的面积之和。

（4）As的测定。吸附、解吸后溶液中的As采用《水质 汞、砷、硒、铋和锑的测定 原子荧光法》（HJ 694—2014）测定，使用仪器为原子荧光光度计（PF3-型）。

土壤中总As采用HCl-HNO$_3$-HClO$_4$消煮，《土壤和沉积物　汞、砷、硒、铋和锑的测定　微波消解/原子荧光法》（HJ 680—2013）测定，使用仪器为PF3-型原子荧光光度计。

土壤溶液中总As采用HNO$_3$-HClO$_4$消煮，《水质　汞、砷、硒、铋和锑的测定　原子荧光法》（HJ 694—2014）测定，使用仪器为PF3-型原子荧光光度计。

四、质量保证和质量控制

所有试验结果取3次重复平均值进行计算，以减小试验误差。本研究用As标准溶液（GSB 04-1714-2004）作为原子荧光分光光度计测定As含量时的标准曲线，曲线的相关系数均大于0.999。在每批样品中，分析3个试剂空白（2%硝酸）加标准物质，其测定值均在标准范围内。FTIR测试中将吸附、解吸前后的3个平行土样均作3个重复样进行测试，将重复样谱图进行叠加平均处理；取3个平行样的平均值进行官能团特征峰面积积分，确保光谱的可靠性。

五、数据处理

试验数据采用Excel进行统计；采用SPSS 23软件进行差异性比较（LSD检验法）、Pearson相关性分析；采用OMNIC软件对红外光谱基线校正和平滑处理，采用Origin 2018进行动力学方程和等温吸附方程的拟合、红外谱图的绘制、官能团特征峰面积的积分以及其他图形的绘制。

第二节　吸附特征

一、动力学吸附特征

奎屯农田土壤对As（Ⅴ）的动力学吸附曲线见图3-1。奎屯农田土壤在25℃时，对1 mg·L^{-1}和10 mg·L^{-1}的As（V）吸附过程一致，均表现出随反应时间的增加吸附量先快速增长再缓慢增加最后平衡的过程。土壤吸附1 mg·L^{-1} As（V）的吸附量从8.98 mg·kg^{-1}增加至14.60 mg·kg^{-1}后基本不再变化；土壤吸附10 mg·L^{-1} As（V）的吸附量从66.09 mg·kg^{-1}增加至117.49 mg·kg^{-1}后基本不再变化。最终在1 440 min时的土壤对10 mg·L^{-1} As（V）的吸附量为117.83 mg·kg^{-1}，对1 mg·L^{-1} As（V）的吸附量为14.67 mg·kg^{-1}，单位土壤对10 mg·L^{-1} As（V）吸附量是1 mg·L^{-1}的8倍。

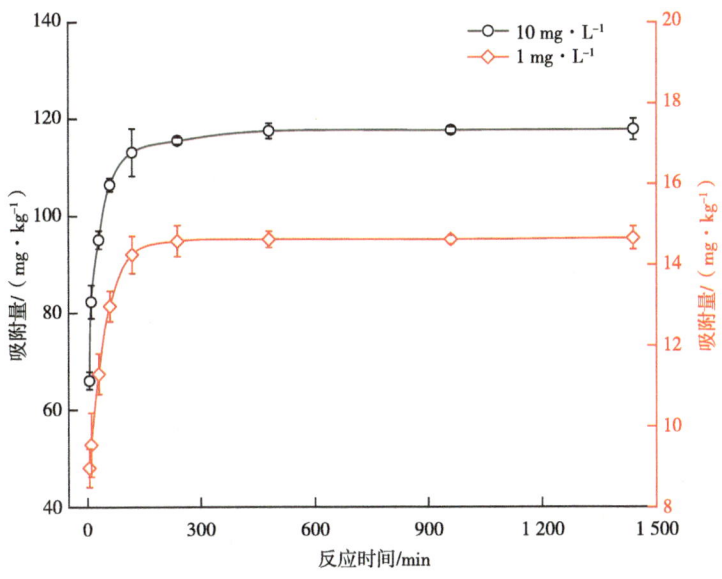

图3-1 动力学吸附曲线

土壤吸附As（V）的准一级、准二级动力学拟合曲线见图3-2和图3-3，拟合参数见表3-5。从拟合的相关系数R^2可以看出，土壤吸附1 mg·L^{-1}和10 mg·L^{-1} As（V）的准二级动力学R^2均比准一级高，更适合用来解释As（V）在该农田土壤上25℃时的吸附过程。准二级动力学拟合预测出奎屯农田土壤吸附1 mg·L^{-1}和10 mg·L^{-1} As（V）的吸附量q_2分别为14.45 mg·kg^{-1}和116.55 mg·kg^{-1}，与试验数据14.67 mg·kg^{-1}和117.83 mg·kg^{-1}最接近。当初始浓度从1 mg·L^{-1} As（V）增大到10 mg·L^{-1} As（V）时，准二级动力学速度常数k_2从0.016 kg·(mg·min)$^{-1}$减小到0.002 kg·(mg·min)$^{-1}$，土壤吸附10 mg·L^{-1} As（V）进入平衡阶段所用的时间比吸附1 mg·L^{-1}时要更长。

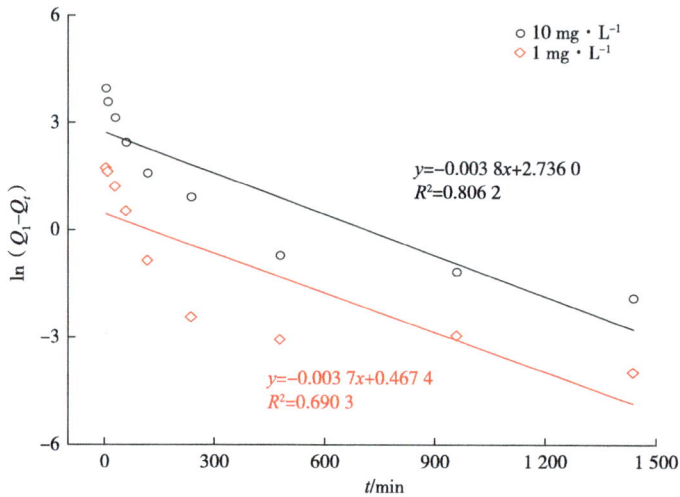

图3-2 准一级动力学吸附拟合曲线

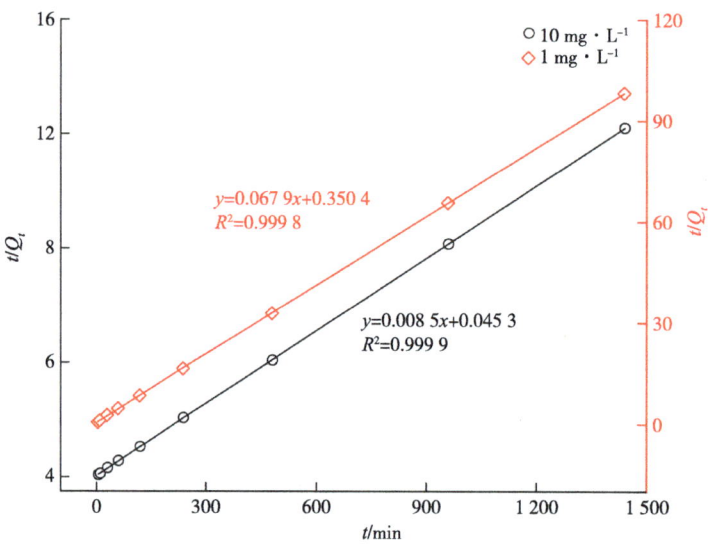

图3-3 准二级动力学吸附拟合曲线

表3-5 准一级、准二级动力学吸附曲线拟合参数

浓度/ ($mg·L^{-1}$)	Q_1/ ($mg·kg^{-1}$)	准一级方程参数			准二级方程参数		
		q_1	k_1	R^2	q_2	k_2	R^2
10	117.83	112.04	0.151	0.81	116.55	0.002	0.99
1	14.67	13.86	0.154	0.69	14.45	0.016	0.99

土壤吸附As（V）的颗粒内扩散模型的拟合曲线见图3-4，拟合所得的吸附动力学参数见表3-6。从图3-4中可以看出，土壤吸附初始As（V）浓度为1 mg·L^{-1}和10 mg·L^{-1}时的颗粒内扩散拟合曲线均不呈直线关系且不过原点，颗粒内扩散不是限制土壤吸附As（V）速率的唯一过程。将土壤对1 mg·L^{-1}和10 mg·L^{-1} As（V）吸附的试验数据点分成3个阶段分别进行拟合，发现3个阶段的斜率大小依次为$k_{i1}>k_{i2}>k_{i3}$。土壤对10 mg·L^{-1} As（V）吸附的第一阶段在5~60 min，吸附速率最大，是快速膜扩散阶段；第二阶段在60~480 min，土壤吸附As（V）的速率减小，属于颗粒内扩散阶段；第三阶段在480 min以后，此时吸附速率最小，属于吸附平衡阶段。土壤对1 mg·L^{-1} As（V）吸附在5~60 min内为快速膜扩散阶段；在60~240 min内为颗粒内扩散阶段；在240 min以后，达到吸附平衡阶段。土壤吸附10 mg·L^{-1} As（V）达到吸附平衡阶段所需的时间是1 mg·L^{-1} As（V）的2倍。

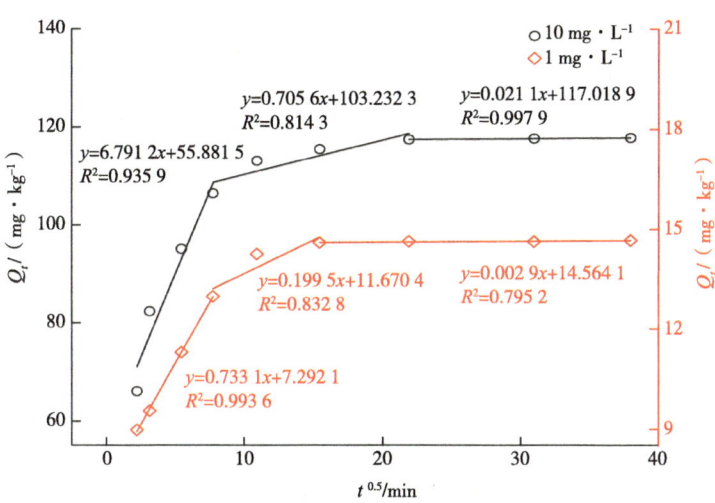

图3-4 颗粒内扩散吸附拟合曲线

表3-6 颗粒内扩散吸附曲线拟合参数

浓度/ (mg·L^{-1})	第一阶段			第二阶段			第三阶段		
	k_{i1}	$α_1$	R^2	k_{i2}	$α_2$	R^2	k_{i3}	$α_3$	R^2
10	6.791	55.88	0.94	0.706	103.23	0.81	0.021	117.02	0.99
1	0.733	7.29	0.99	0.200	11.67	0.83	0.003	14.56	0.80

二、等温吸附特征

As（Ⅴ）在奎屯农田土壤上的等温吸附曲线见图3-5。由图3-5可知，在同一初始浓度下，35℃时的吸附量最大，土壤吸附10 mg·L^{-1} As（Ⅴ）的吸附量为137.75 mg·kg^{-1}，1 mg·L^{-1} As（Ⅴ）的吸附量为16.57 mg·kg^{-1}；15℃时吸附量最小，土壤吸附10 mg·L^{-1} As（Ⅴ）的吸附量为113.83 mg·kg^{-1}，1 mg·L^{-1} As（Ⅴ）的吸附量为13.45 mg·kg^{-1}。土壤在35℃时吸附1 mg·L^{-1} As（Ⅴ）的量比15℃时增加了3.12 mg·kg^{-1}，吸附10 mg·L^{-1} As（Ⅴ）的量比15℃时增加了23.92 mg/kg。

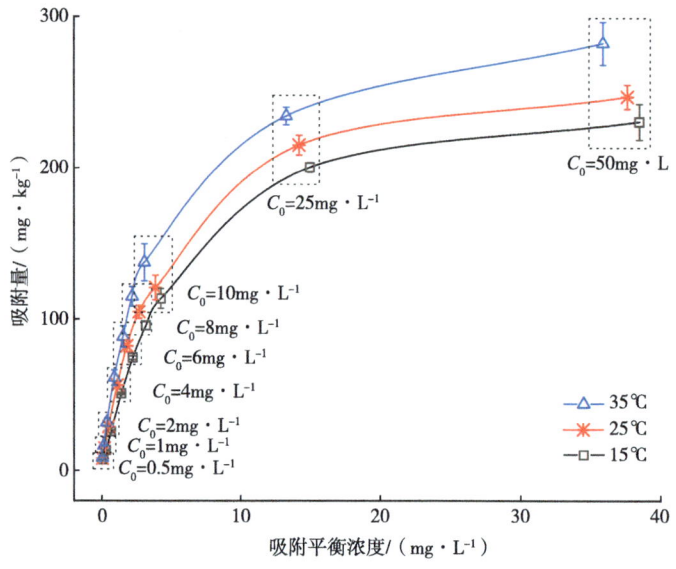

图3-5　等温吸附曲线

土壤吸附As（Ⅴ）的Langmuir、Freundlich和Temkin方程拟合曲线见图3-6至图3-8，方程参数见表3-7。Langmuir方程是经典的单分子层吸附模型；Freundlich方程在物理吸附中多适用于多分子层吸附；Temkin方程用于研究吸附质与吸附剂之间吸附热的关系（夏建国 等，2014；吴瀛灏，2017）。由图3-6至图3-8可知，Langmuir、Freundlich和Temkin模型分别对15℃、25℃和35℃时的吸附曲线进行拟合，R^2均大于0.9，表明这3种模型均可用于解释As（Ⅴ）在土壤中的吸附行为，且Langmuir更优于Freundlich和Temkin吸附模型（$R_L^2 > R_F^2 > R_T^2$）。

因此，研究区土壤吸附As（Ⅴ）的过程同时存在单层吸附和多层吸附，并以单层吸附为主。

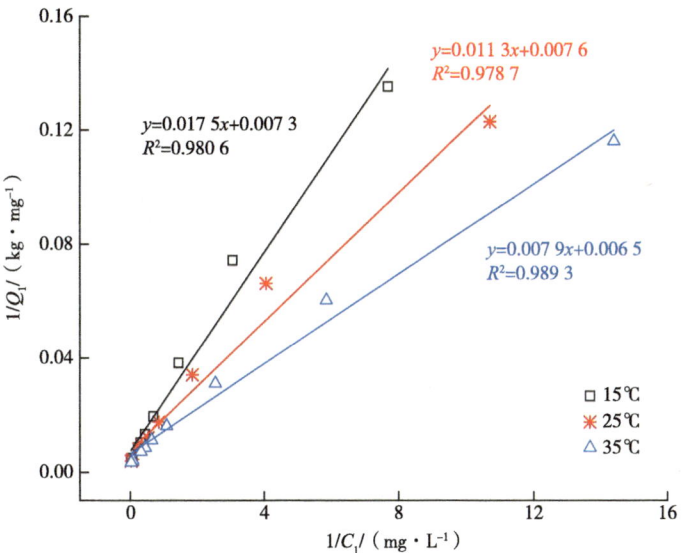

图3-6 Langmuir等温吸附拟合曲线

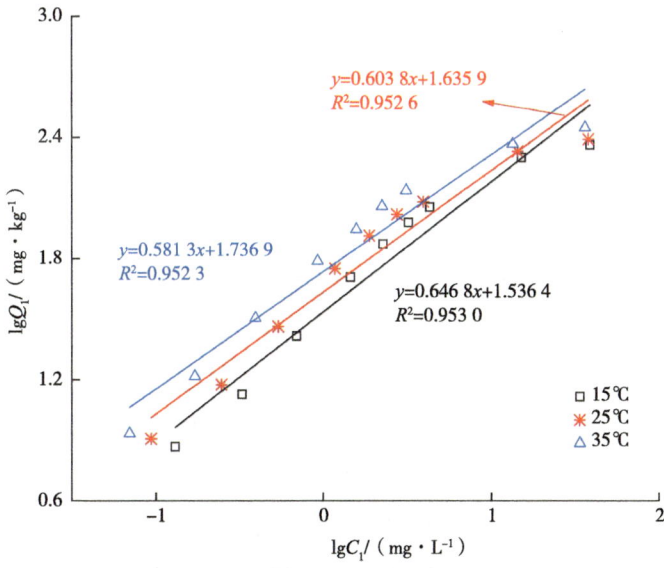

图3-7 Freundlich等温吸附拟合曲线

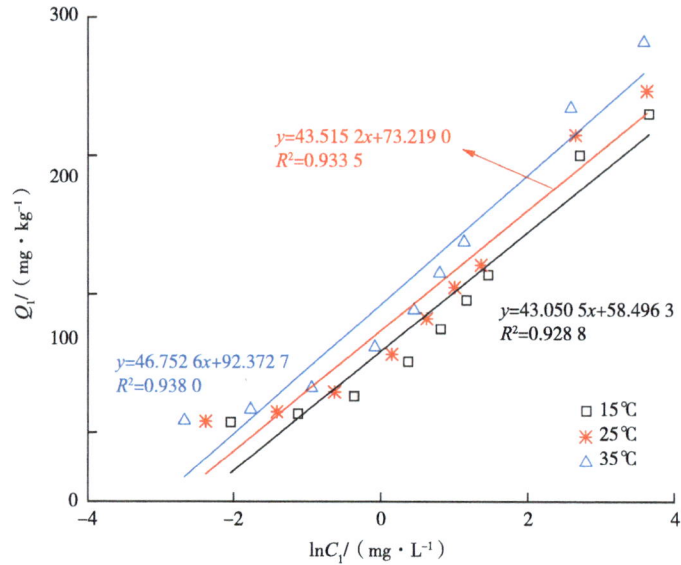

图3-8 Temkin等温吸附拟合曲线

表3-7 等温吸附曲线拟合参数

温度/℃	Langmuir方程参数				Freundlich方程参数			Temkin方程参数		
	Q_m (mg·kg^{-1})	K_L	MBC (mg·kg^{-1})	R_L^2	K_F	n	R_F^2	K_T	a	R_T^2
15	270.20	0.17	45.93	0.99	52.63	2.33	0.94	3.89	43.05	0.93
25	279.87	0.21	58.77	0.99	62.36	2.48	0.95	5.38	43.52	0.93
35	308.09	0.26	80.10	0.99	75.15	2.57	0.96	7.21	46.75	0.94

由表3-7可知，根据Langmuir方程得出研究区土壤在15℃、25℃、35℃ 3种温度下最大As（Ⅴ）吸附量（Q_m）依次为270.20 mg·kg^{-1}、279.87 mg·kg^{-1}和308.09 mg·kg^{-1}。K_L值在一定程度上反映了土壤与重金属离子的结合强度，K_L值越大，结合能力越强，3种反应温度下35℃时K_L值最大，为0.26；15℃时K_L值最小，为0.17，表明35℃时土壤与As（Ⅴ）的结合能力最大，15℃时结合能力最小。Langmuir方程中容量因子Q_m与强度因子K_L的乘积可以反映土壤对As（Ⅴ）最大缓冲容量（MBC）（行文静 等，2021）。从计算结果来看，3种反应温度下，35℃时As的MBC值最大，为80.10 mg·kg^{-1}。Freundlich模型的吸附常数K_F值越大，则吸附速率越快（关连珠 等，2013），研究区土壤在

35℃时的K_F值最大,为75.15;15℃时的K_F值最小,为52.63,表明随着反应温度的升高吸附As(V)的速率也逐渐增快。n值可作为衡量土壤吸附重金属作用力强弱的指标,$n<1/2$表示吸附很难进行;$2<n<10$表示吸附较容易进行(张玉芬 等,2015)。3种温度下的拟合n值均大于2,表明研究区土壤对As(V)吸附较容易进行且吸附作用力较强。

第三节 解吸特征

一、动力学解吸特征

不同浓度As(V)的解吸动力学(25℃)曲线见图3-9。从图3-9可看出,在1 mg·L^{-1}和10 mg·L^{-1}的初始浓度下As(V)在土壤中的解吸反应也均呈现出随反应时间的增加解吸量先快速增长再缓慢增加最后平衡的过程,与吸附动力学反应曲线一致。在1 140 min时,土壤解吸1 mg·L^{-1}和10 mg·L^{-1} As(V)的解吸量分别为0.76 mg·kg^{-1}和23.22 mg·kg^{-1},单位土壤对10 mg·L^{-1}的As(V)解吸量是1 mg·L^{-1} As(V)的30倍。

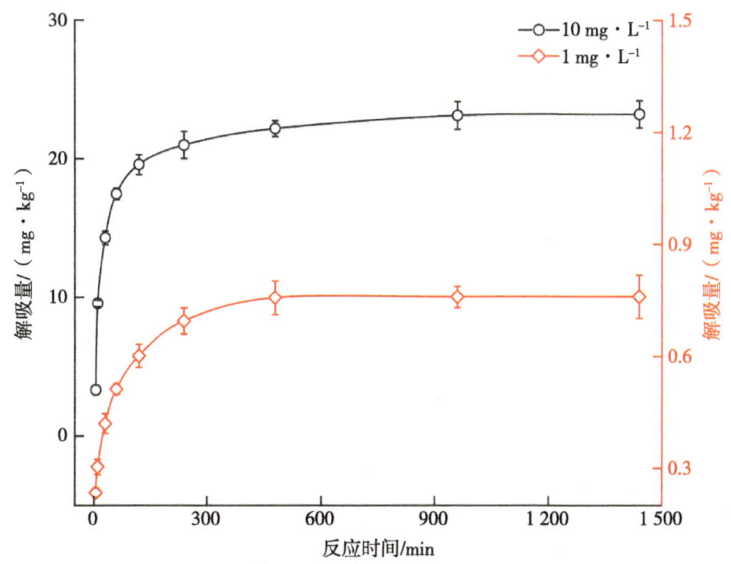

图3-9 动力学解吸曲线

As（Ⅴ）在农田土壤上25℃时的准一级、准二级动力学和颗粒内扩散解吸拟合曲线见图3-10至图3-12，拟合所得的解吸动力学参数见表3-8、表3-9所示。从图3-10、图3-11和表3-8可以看出，奎屯农田土壤解吸As（Ⅴ）的准二级动力学拟合R^2大于准一级的，准二级动力学拟合预测的土壤解吸1 mg·L^{-1}和10 mg·L^{-1} As（Ⅴ）的解吸量q_2分别为0.75 mg·kg^{-1}和23.14 mg·kg^{-1}与试验数据0.76 mg·kg^{-1}和23.22 mg·kg^{-1}最吻合，说明准二级动力学拟合结果为描述As（Ⅴ）在该土壤上解吸动力学的最优方程。

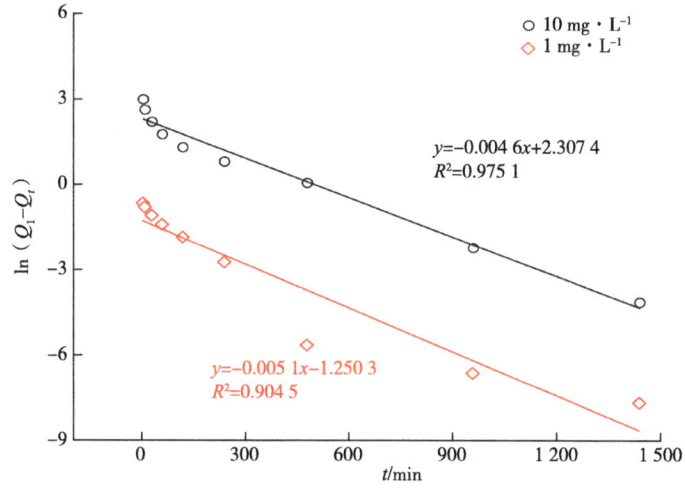

图3-10　准一级动力学解吸拟合曲线

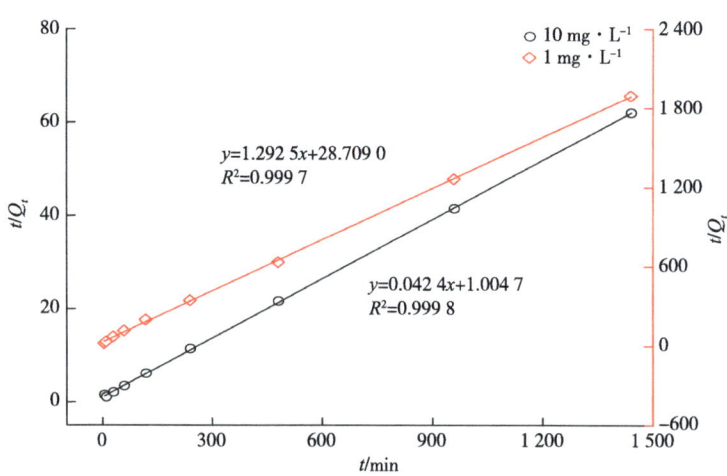

图3-11　准二级动力学解吸拟合曲线

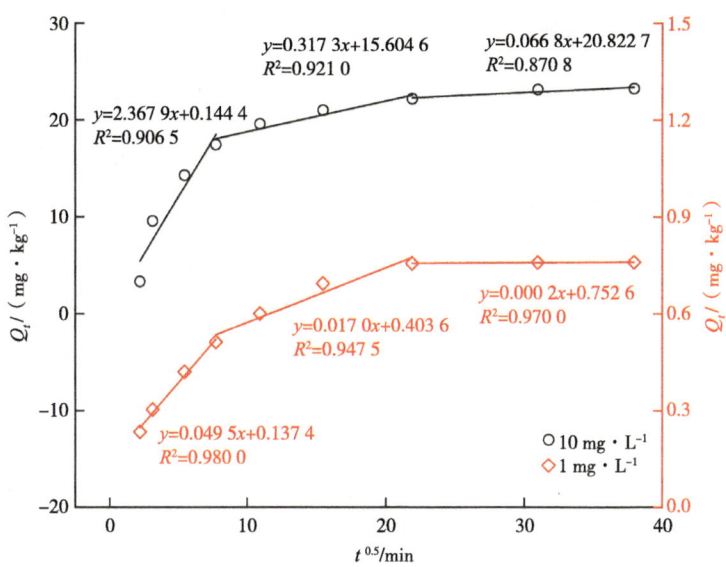

图3-12 颗粒内扩散解吸拟合曲线

表3-8 准一级、准二级动力学解吸曲线拟合参数

浓度/ (mg·L^{-1})	Q_1/ (mg·kg^{-1})	拟一级方程参数			拟二级方程参数		
		q_1	k_1	R^2	q_2	k_2	R^2
10	23.220 9	21.650 5	0.037 5	0.975 1	23.142 8	0.002 3	0.999 8
1	0.759 8	0.707 1	0.033 2	0.904 5	0.750 3	0.070 1	0.999 7

表3-9 颗粒内扩散解吸曲线拟合参数

浓度/ (mg·L^{-1})	第一阶段			第二阶段			第三阶段		
	k_{i1}	α_1	R^2	k_{i2}	α_2	R^2	k_{i3}	α_3	R^2
10	2.367 9	0.14	0.91	0.317 3	15.60	0.92	0.066 8	20.82	0.87
1	0.049 5	0.13	0.98	0.017 0	0.40	0.95	0.000 2	0.75	0.97

从图3-12、表3-9可以看出，奎屯农田土壤解吸1 mg·L^{-1}和10 mg·L^{-1} As（Ⅴ）时的颗粒内扩散拟合曲线均不呈直线关系且不过原点，将解吸试验数据点分成3个阶段分别进行拟合，其斜率大小依次为$k_{i1}>k_{i2}>k_{i3}$，土壤解吸1 mg·L^{-1}和10 mg·L^{-1} As（Ⅴ）时均在5~60 min内为快速膜扩散阶段，在60~480 min内为颗粒内扩散阶段，在480 min后达到解吸平衡阶段。

二、等温解吸特征

解吸的逆过程是吸附,解吸可用于评价吸附稳定性(郝瑶玲 等,2020)。奎屯农田土壤对As(V)的吸附量与解吸量的关系见图3-13,其拟合方程见表3-10。从图3-13、表3-10可知,随着土壤对As(V)吸附量增加,其解吸量也随之增加,可以用二次幂函数拟合该曲线($P<0.01$,$R^2>0.99$)。在3种反应温度下,35℃时土壤对As(V)的解吸量最小,土壤解吸10 mg·L^{-1} As(V)的解吸量为21.51 mg·kg^{-1},解吸1 mg·L^{-1} As(V)的解吸量为0.60 mg·kg^{-1};15℃时解吸量最大,土壤解吸10 mg·L^{-1} As(V)的解吸量为26.31 mg·kg^{-1},解吸1 mg·L^{-1} As(V)的解吸量为0.72 mg·kg^{-1}。土壤在15℃时解吸1 mg·L^{-1} As(V)的解吸量比35℃时增加0.12 mg·kg^{-1},而在15℃时解吸10 mg·L^{-1} As(V)的解吸量比35℃时增加了4.8 mg·kg^{-1}。这与温度对土壤吸附As(V)的影响相反,说明奎屯农田土壤在3种温度中,35℃时对As(V)的吸附能力最强,解吸能力最弱;在15℃时相反。

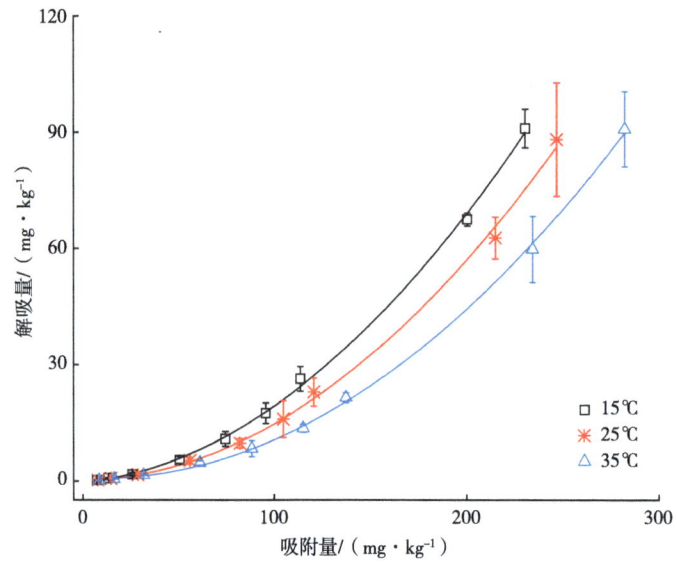

图3-13 等温吸附—解吸关系

不同温度下土壤对不同浓度As(V)的吸附率和解吸率见表3-11。随着初始As(V)浓度的增加,As(V)的吸附率逐渐下降,解吸率逐渐增加。当初始浓度为0.5 mg·L^{-1}时,As(V)的平均吸附率为80.45%,平均解吸率为2.54%，吸附率远大于解吸率；当初始As（Ⅴ）浓度为50 mg·L^{-1}时，平均吸附率为25.32%，平均解吸率为35.92%，吸附率小于解吸率。

表3-10 吸附量与解吸量之间的关系方程

温度/℃	二次幂拟合方程	R^2
15	$y=0.001\,5x^2+0.046\,1x-0.374\,1$	0.99
25	$y=0.001\,4x^2+0.003\,5x+0.370\,5$	0.99
35	$y=0.001\,2x^2-0.021\,2x+0.792\,2$	0.99

表3-11 不同温度下土壤对As（Ⅴ）的吸附率和解吸率

初始浓度/（mg·L^{-1}）	15℃		25℃		35℃	
	吸附率/%	解吸率/%	吸附率/%	解吸率/%	吸附率/%	解吸率/%
0.5	73.95	2.90	81.30	2.49	86.09	2.22
1	67.24	5.33	75.34	4.49	82.89	3.63
2	65.29	6.50	73.09	5.66	80.30	4.86
4	63.76	10.61	70.67	9.35	76.89	7.65
6	62.23	14.50	68.67	11.88	73.80	9.33
8	59.84	18.32	65.62	15.18	72.09	11.85
10	56.92	23.08	60.59	18.95	68.88	15.64
25	40.07	33.66	43.04	28.54	46.87	25.58
50	23.05	39.62	24.69	35.79	28.22	32.35

第四节 表征分析

一、扫描电子显微镜—X射线能谱仪（SEM-EDS）分析

将反应温度在25℃下的原土、吸附10 mg·L^{-1} As（Ⅴ）溶液后的土样以及解吸后的土样放在扫描电镜下观察土壤表面形貌并成像（图3-14）。

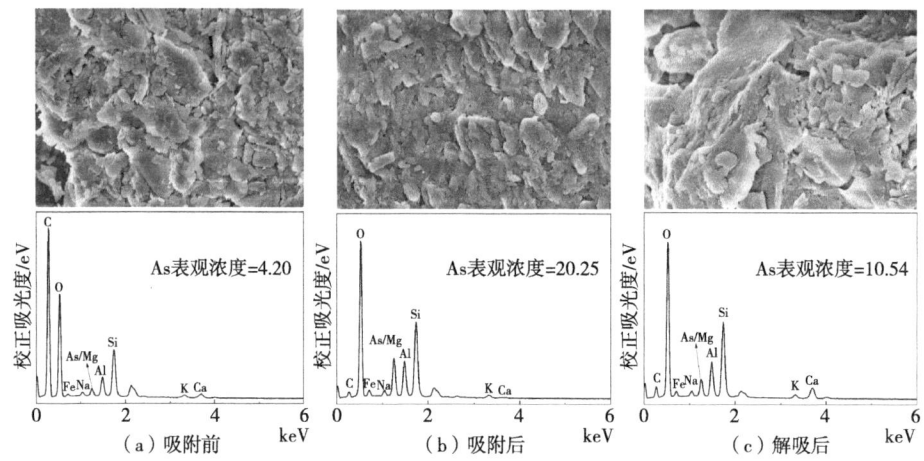

图3-14 土壤吸附、解吸As(Ⅴ)前后SEM-EDS图像(15 000倍)

从图3-14a中,可以看出,吸附前土样结构疏松,有明显的缝隙结构,表面较为粗糙,有明显的颗粒感,表面积较大,可为土壤吸附As(Ⅴ)提供较多的活性位点。Ahmad等(2012)研究指出由于土壤表面可以为重金属提供更多的吸附活性位点,通常表面积越大土壤的吸附能力也越强。图3-14b为吸附后土样的形貌图,相比吸附前其结构变得致密,缝隙结构减少,表面较光滑,颗粒感减弱。吸附前土壤表面具有非均质多孔结构,吸附As(Ⅴ)后土壤表面变得更加光滑,表明As(Ⅴ)吸附在土壤颗粒上。图3-14c为解吸后土样的形貌图,解吸后土样出现部分明显的缝隙结构,表面粗糙,颗粒感增强,部分As(Ⅴ)或者土壤其他内源物质的解吸导致缝隙结构的恢复,进而出现粗糙感与颗粒感。根据图3-14元素分析谱图,可以看出土壤中主要含有C、O、Si、K、Ca、Na、Mg、Al和Fe元素,吸附解吸前后的土壤中均出现了As元素的峰,土壤中As元素的表观浓度大小依次为吸附后(20.25)>解吸后(10.54)>吸附前(4.20),这也证实了As(Ⅴ)与土壤表面的结合。

图3-15中显示了吸附、解吸As(Ⅴ)前后土壤中不同元素的分布,也证明了As(Ⅴ)在土壤表面上的存在。C元素的位置与As元素的位置有重叠,说明As(Ⅴ)被吸附到土壤中的有机质上面。K、Ca、Na、Mg、Al、Fe和Si元素也与As元素位置有重叠,表明了As(Ⅴ)也被吸附到富含这些元素的金属氧化物和黏土矿物中。

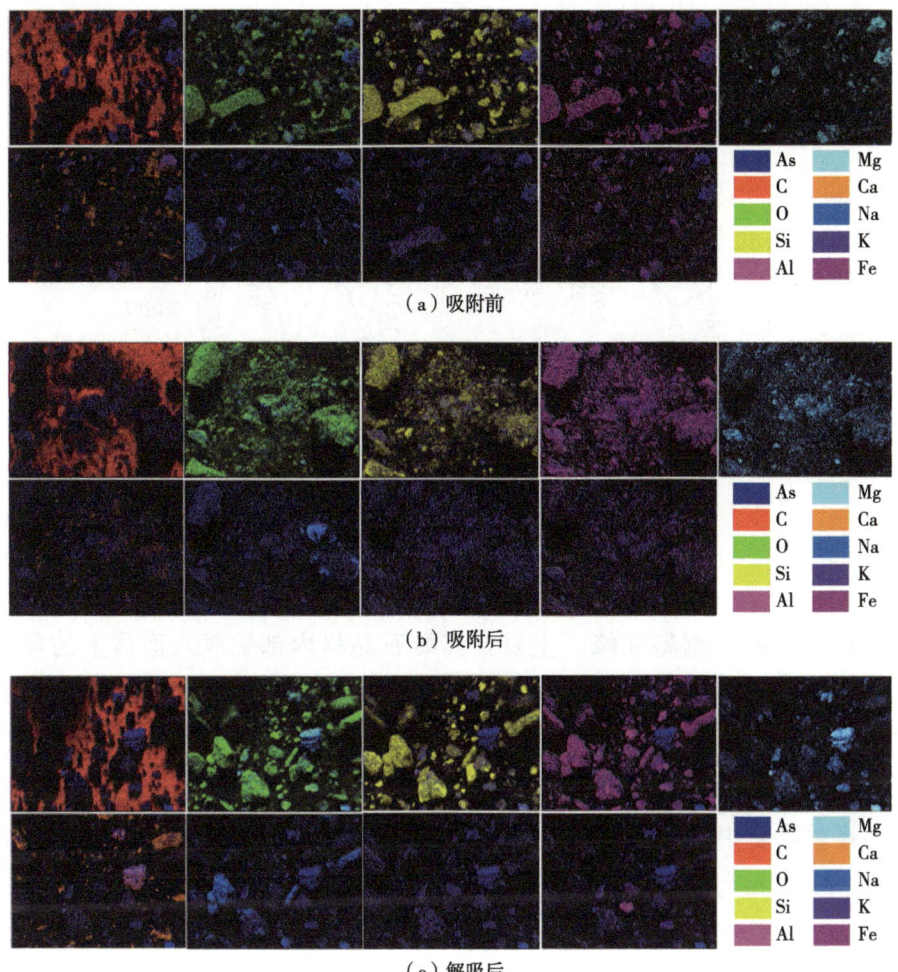

图3-15 土壤吸附、解吸As（Ⅴ）前后不同元素分布

二、FTIR分析

利用FTIR检测25℃下原土、吸附10 mg·L^{-1} As（Ⅴ）溶液的土样以及解吸后的土壤官能团，如图3-16所示。从图3-16可发现，土壤吸附、解吸As（Ⅴ）前后的光谱图有着相似的吸收峰，但并未完全重叠。土壤吸附、解吸As（Ⅴ）前后在3 619 cm^{-1}、3 428 cm^{-1}、2 922 cm^{-1}、2 854 cm^{-1}、2 515 cm^{-1}、1 631 cm^{-1}、1 440 cm^{-1}、1 025 cm^{-1}、880 cm^{-1}、780 cm^{-1}、531 cm^{-1}和464 cm^{-1}处都有明显的出峰。Xu等（2006）研究指出3 619 cm^{-1}

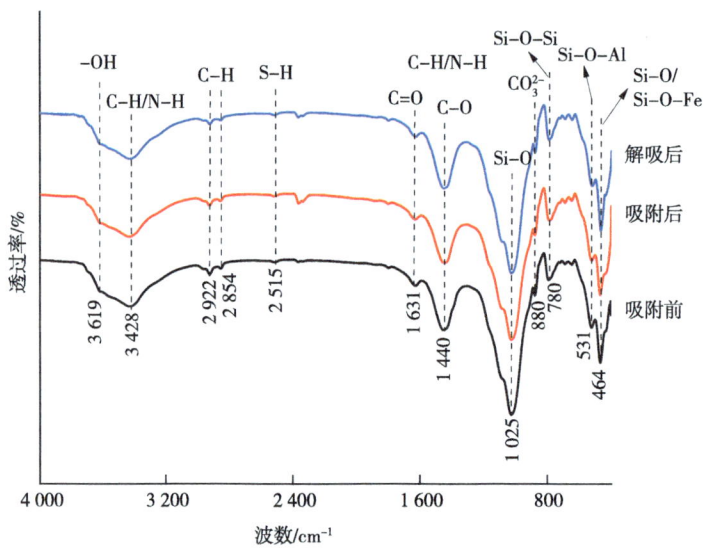

图3-16　土壤吸附、解吸As（V）前后FTIR谱

为高岭石红外光谱特征峰，主要是高岭石晶格内部铝氧八面体上的羟基（-OH）引起的。而Ding等（2017）则指出3 428 cm^{-1}为醇或羧酸中的-OH或N-H基团的伸缩振动产生的。在2 922 cm^{-1}、2 854 cm^{-1}、1 631 cm^{-1}和1 440 cm^{-1}处的峰是表征土壤有机质官能团的吸收峰，2 922 cm^{-1}为脂肪族或环烃类物质中C-H键引起的（郝翔翔 等，2018）。Smaoui等（2003）认为2 854 cm^{-1}为烷基（-R）或甲基（-CH$_3$）的C-H键引起的。Sawhney和Isaacson（1983）指出1 631 cm^{-1}处的峰一般是因为氨基（-NH$_2$）、羧基（-COOH）、醌基以及芳香族化合物的C=O键引起的。1 440 cm^{-1}主要为C-H键和N-H键的弯曲运动、分子骨架振动以及C-O键振动产生的（Francioso et al.，1998）。2 515 cm^{-1}为巯基（-SH）基团（Ma et al.，2015）。880 cm^{-1}为CO_3^{2-}，1 025 cm^{-1}、780 cm^{-1}、531 cm^{-1}和464 cm^{-1}分别为平面内Si-O弯曲振动峰、四面体间Si-O-Si桥键峰、Si-O-Al变形峰和Si-O/Si-O-Fe弯曲振动峰（刘凌青 等，2021）。FTIR的结果表明土壤中主要包含碳水化合物、羧基化合物等物质，是多种Si、Fe和Al氧化物构成的复合体。

为了更好地观察吸附、解吸As（V）后土壤表面官能团发生的变化，计算吸附、解吸前后土壤的相对峰面积，如图3-17所示。土壤吸附和解吸As（V）前后在3 619 cm^{-1}、3 428 cm^{-1}、2 922 cm^{-1}、2 854 cm^{-1}、

2 515 cm^{-1}和1 631 cm^{-1}处的相对峰面积之间存在显著差异性（$P<0.05$），且土壤吸附和解吸As（V）后的峰面积都明显减小，说明发生吸附、解吸过程以后As（V）与不同官能团均发生了反应，As（V）被络合到不同的官能团上。主要发生在-OH（3 619 cm^{-1}和3 428 cm^{-1}）、N-H（3 428 cm^{-1}）、C-H（2 922 cm^{-1}和2 854 cm^{-1}）、-SH（2 515 cm^{-1}）、C=O（1 631 cm^{-1}）5种官能团上，其中3 619 cm^{-1}是高岭石的特征峰，2 922 cm^{-1}、2 854 cm^{-1}和1 631 cm^{-1}是表征土壤有机质官能团的吸收峰，说明土壤中黏土矿物和有机质为As（V）提供发生络合作用的载体，对As（V）的吸附起到了一定促进作用，也进一步证明了奎屯农田土壤吸附As（V）时存在化学吸附过程，准二级动力学和Temkin模型拟合曲线R^2均大于0.93，也表明物理吸附和化学吸附均参与了该吸附过程，且吸附反应中受化学因素的影响程度更大。

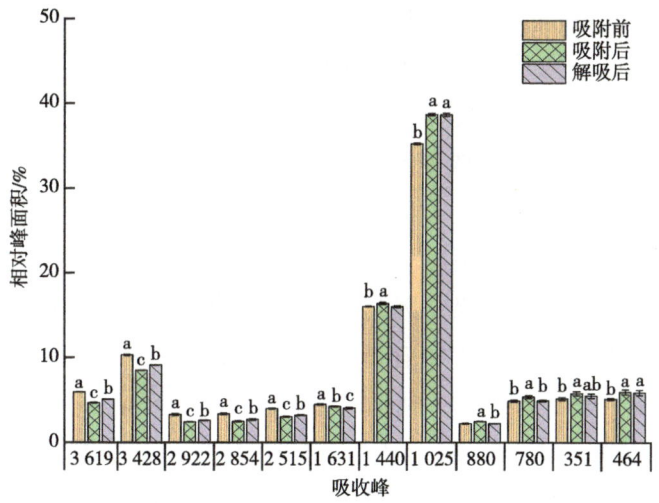

图3-17　吸附、解吸前后土壤样品红外谱图的官能团的相对峰面积（%）

注：不同小写字母表示吸附、解吸前后的相对峰面积差异显著（$P<0.05$）。

第五节　讨　论

研究区土壤的吸附特性与其他存在高砷地下水地区的土壤吸附特性结果进行比较（表3-12）可知，阿根廷米西奥内斯省的砖红壤吸附As（V）

表3-12 不同地区土壤对As的吸附特征

土壤类型	研究地区	pH值	初始浓度/$(mg·L^{-1})$	Q_m/$(mg·kg^{-1})$	吸附率/%
灰漠土	新疆奎屯	7.86	0.5~50	279.87	75.34
砖红壤	阿根廷米西奥内斯省	6.06	0.01~30	2 000	97
砖红壤	印度西孟加拉邦米德纳波尔	6.65	0.3~5	170	92
红壤	湖南省望城区丁字镇	5.94	0.5~4	476	98.22

（1.0 mg·L^{-1}）24 h后的最大吸附量可达到2 000 mg·kg^{-1}，吸附率达到97%；印度西孟加拉邦的砖红壤吸附As（Ⅲ）（1.0 mg·L^{-1}）24 h后的最大吸附量为170 mg·kg^{-1}，吸附率也达到92%；中国湖南省的红壤吸附As（Ⅴ）（1.0 mg·L^{-1}）24 h后的最大吸附量为476 mg·kg^{-1}，土壤的吸附率达到98.22%；而本研究区的灰漠土吸附As（Ⅴ）（1.0 mg·L^{-1}）24 h后的最大吸附量为279.87 mg·kg^{-1}，吸附率为75.34%，明显低于其他地区。我国南方地区广泛分布的红壤，黏土矿物含量较高，也含有铁铝的（氢）氧化物，有关学者的研究表明具有阴离子交换作用的黏土矿物和铁铝（氢）氧化物对As有良好的吸附去除效果，因此可以作为一种高效、经济的地下水As吸附剂，降低人类饮用水中的As含量。而研究区的灰漠土是细土物质上发育的石膏盐层土，它具有盐化、碱化的特点。在氧化环境中，当2<pH值<6.9时，As以$H_2AsO_4^-$为主要形式，当6.9≤pH值<12时，As以$HAsO_4^{2-}$为主要存在形式。当土壤呈酸性时，此时OH$^-$很少，几乎不与砷酸根离子竞争吸附，因而有更多的砷酸根离子固定在土壤胶体表面；研究区土壤pH值为7.86，土壤中OH$^-$较多，土壤胶体表面OH$^-$会与$HAsO_4^{2-}$竞争土壤胶体表面吸附点，土壤对$HAsO_4^{2-}$的吸附量会减少，其与OH$^-$竞争吸附的反应机理如下。

$$土壤-2OH+HAsO_4^{2-} \Leftrightarrow 土壤-HAsO_4+2OH^-$$

研究区碱性土壤中含较多的OH$^-$，从上述平衡方程可知，反应向左进行，即向As（Ⅴ）的解吸方向进行，此时的As（Ⅴ）更容易释放迁移，因此增加了土壤溶液中的As（Ⅴ）向下层土壤、浅层地下水及植物迁移的风险。

土壤中的重金属元素容易与富含羧基、羟基和氨基等官能团的有机质发生络合反应，羟基化的表面易发生配位体交换的专性吸附。通过扫描电子显微镜（SEM）发现研究区土壤吸附前表面具有非均质多孔结构，吸附砷酸盐后，土壤表面变得更加光滑，表明砷酸盐吸附在土壤颗粒上，这与Maiti等（2007）研究红壤吸附As（Ⅲ）前后SEM图像结果一致。同时X射线能谱仪（EDS）检测到吸附、解吸前后在土壤上的C、Si、K、Ca、Na、Mg、Al和Fe元素与As元素位置重叠。这些元素中，C的出现主要与土壤中的有机质以及碳酸钙的存在有关；Si主要源于SiO_2以及黏土矿物的存在；K、Ca、Na、Mg和Al的出现是矿物存在标志，通常由K、Ca、Na、Mg等离子在黏土矿物中组成晶格，为无机离子提供了吸附空间；Fe元素主要存在于土壤黏土矿物和铁（氢）氧化物颗粒中，尤其是针铁矿。这表明As（V）被吸附到了含有这些元素的有机质、金属（氢）氧化物以及黏土矿物等物质中。通过FTIR和SEM-EDS结果均表明，有机质对奎屯农田土壤吸附As（V）起到了促进作用，这可能是有机质本身存在大量的活性基团，为土壤吸附As（V）提供位点，从而增加土壤颗粒对As（V）的吸附能力。有机质作为As（V）与官能团络合的一个载体，可促进该土壤对As（V）吸附，但是奎屯农田土壤有机质含量低，不能使大量的As（V）固定在有机质中，且碱性土壤中的OH^-离子也会与砷酸根离子竞争吸附，因此在研究区高pH值、低有机质的土壤环境中，As（V）容易被释放到土壤溶液中，增大了As（V）向土壤及植物中的迁移风险。

第四章 As在农田土壤中的迁移特征和影响因素

第一节 材料与方法

一、试验设计

本研究采用大田试验研究灌水周期对土壤As迁移的影响，盆栽试验研究土壤中As迁移的影响因素。

（一）大田试验设计

大田灌溉试验区位于新疆奎屯垦区126团，同第二章，详见图2-1。本研究所使用的灌溉水井水质参数详见表2-1。为深入研究As的迁移特征，在每个滴灌点下方垂直插入了3张尺寸为20 cm长、10 cm宽的阳离子交换膜，具体见图4-1。

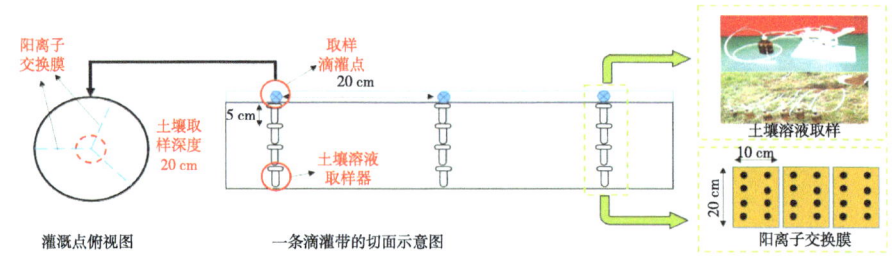

图4-1 试验装置

在整个试验期间,确保土壤溶液取样器和阳离子交换膜的位置保持不变。在采样时,通过连接取样器末端的硅胶管和取样瓶,以及取样泵,使土壤溶液缓慢收集到取样瓶中。每次收集的溶液量达到10~15 mL时,将其转移至15 mL的离心管中,用于后续As浓度的测定。所有样品采集完成后,样品被存放在4℃的条件下以保持稳定。

(二)盆栽试验设计

1. 试验装置

采用直径45 cm,高35 cm的圆形花盆(图4-2a)。为了减少局部采样带来的误差,在花盆土壤中垂直插入3张阳离子交换膜(图4-2b),离子膜裁剪成长40 cm,宽30 cm。当As溶液在土壤中迁移时,流经离子膜,AsO_4^{3-}可以被吸附在阳离子膜上,试验完成后取出离子交换膜,用能谱仪直接测定离子膜上不同点位砷的相对含量(图4-2c),不用采集土壤样品,可以实现As在土壤空间中的直接定位,用以分析As在土壤中的垂直和水平迁移。在每个花盆中心的5 cm、15 cm和25 cm深度各埋入一根土壤溶液取样管(Rhizon MOM型,取样头长10 cm,延长管长12 cm,膜孔径0.60 μm,阴性接头连接注射器;荷兰Rhizosphere Research Products生产)(图4-2a)。在整个试验过程中,保持土壤溶液取样器位置不变,以确保每次无扰动的原位取样。采集土壤溶液时首先将10 mL注射器与土壤溶液提取器末端的硅胶管相连接,然后拉开注射器活塞至最大限度并用小木片将其固定,由于大气压差,土壤中的溶液会缓慢进入注射器中,待收集的溶液约6 mL时,

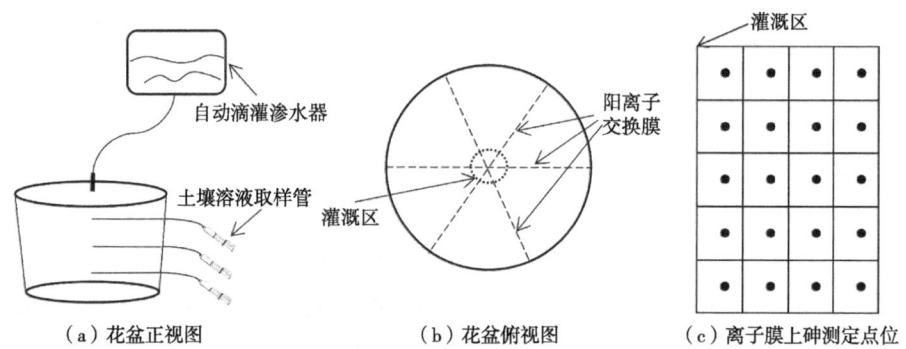

(a)花盆正视图　　(b)花盆俯视图　　(c)离子膜上砷测定点位

图4-2　迁移转化试验花盆示意图

取下注射器。为了试验的准确性，最初的1 mL滤液应弃去，随即将溶液注入50 mL离心管并立即测定土壤溶液pH值、Eh和TDS，随后将提取液分为两个部分分别保存在2 mL的离心管中，一部分用于总As的测定，另一部分用于As的价态测定。采用滴灌的方法模拟灌溉条件，在每个花盆中心垂直插入自动滴灌渗水器（图4-2a），晚上自动灌溉至第二日早上，滴灌速度为 5 mL·min^{-1}。

2. 试验设置

试验共设置9个花盆，其中8盆放置在室外，1盆放置在室内。将3张阳离子交换膜（杭州蓝然技术股份有限公司生产）垂直插入花盆中间，按土壤干容重（1.3 g·cm^{-3}）进行填装。分6次填装，每次填装5 cm，填装时要将土壤压实，使花盆中土壤容重尽量与天然土壤保持一致。用去离子水浇透，平衡一星期。

（1）不同蒸发条件。在2021年8月19日至9月8日进行模拟灌溉，设置2个不同蒸发处理，分别为室内（22~25 ℃）试验组（E1），室外（31~36 ℃）试验组（E2）。灌溉水由$Na_3AsO_4·12H_2O$［奎屯垦区地下水以As（Ⅴ）为主］配置，通过称重法确定每次添加As溶液的体积，当土壤含水量低于65%田间持水量时，灌溉As溶液至土壤田间持水量的75%以保持土壤水分，每隔1天灌溉一次As溶液，保证每次灌溉进入土壤中As的质量为10 mg，共灌溉10次，进入土壤中As的总质量为100 mg。每天记录室内外温度，每次灌溉前后用称重法测定土壤含水量和蒸发量。每组处理均分以下两种方式取样。

①日变化：第一次灌溉结束后，分别提取各处理埋在每个花盆中心5 cm、15 cm和25 cm深度处的土壤溶液，从10：00—18：00，每2 h收集土壤溶液一次。

②累积变化：每次灌溉前收集土壤溶液一次，连续收集10次。每次收集完毕后立即测定土壤溶液pH值、Eh和TDS。模拟灌溉试验结束后在花盆中取土样，横向每隔10 cm，纵向每隔10 cm采集土样。采样方法见图4-3，A1A2为一个混合样，A1A2、A3A4和A5A6为3个平行样，采样同时测定土壤Eh。土壤样品于室内风干，测定土壤pH值和EC，进行As形态分级提取。

（2）不同pH值条件。奎屯垦区地下水pH值的范围为7.31~9.88，均值为8.63，整体属于弱碱性、碱性地下水。因此模拟试验灌溉水pH值设置为3个处理，分别为pH值=7.5（P1）、pH值=8.5（P2）和pH值=9.5（P3），花盆均放在室外。灌溉溶液配置方法、灌溉方式和时间与室内组（E1）一致，取样土壤溶液方式与E1累积变化取样方式一致，取土壤样品方式与E1一致。

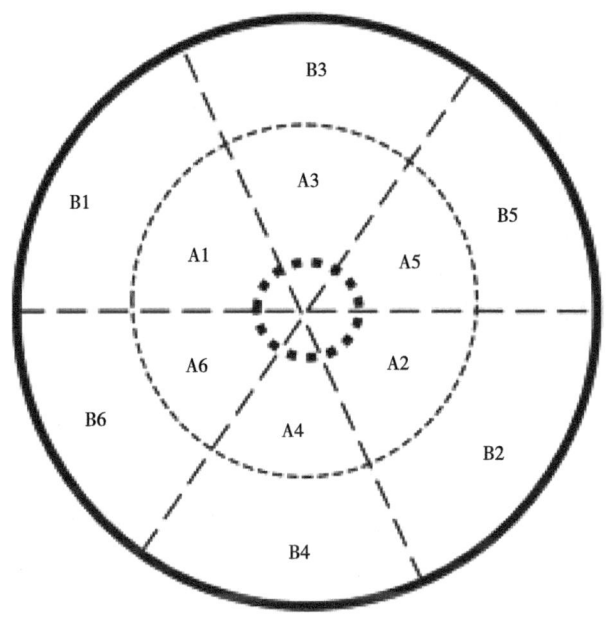

图4-3 转化试验采样方法示意图

（3）不同盐分条件。奎屯地下水溶解性总固体（TDS）质量浓度在$0.04~5.12\ g\cdot L^{-1}$，地下水按TDS质量浓度可以划分成淡水（$\leqslant 1\ g\cdot L^{-1}$）、微咸水（$1~3\ g\cdot L^{-1}$）、咸水（$3~10\ g\cdot L^{-1}$）、盐水（$10~50\ g\cdot L^{-1}$）和卤水（>50.00 g/L）5类。模拟试验灌溉水盐分设置（表4-1）为3个处理，分别为TDS=$0.5\ g\cdot L^{-1}$（淡水，T1）、TDS=$1.5\ g\cdot L^{-1}$（微咸水，T2）、TDS=$4.5\ g\cdot L^{-1}$（咸水，T3），花盆均放在室外。灌溉溶液配置方法、灌溉方式和时间与室内组（E1）一致，取样土壤溶液方式与E1累积变化取样方式一致，取土壤样品方式与E1一致。

表4-1 灌溉水盐分设置

灌溉水盐分处理/($g \cdot L^{-1}$)	Ca^{2+}/($mg \cdot kg^{-1}$)	Mg^{2+}/($mg \cdot kg^{-1}$)	K^+/($mg \cdot kg^{-1}$)	Na^+/($mg \cdot kg^{-1}$)	HCO_3^-/($mg \cdot kg^{-1}$)	SO_4^{2-}/($mg \cdot kg^{-1}$)	Cl^-/($mg \cdot kg^{-1}$)
0.5	30	10	0.04	130	20	180	130
1.5	90	30	0.12	390	60	540	390
4.5	270	90	0.36	1 170	180	1 620	1 170

由于奎屯农田土壤中本身含有As，因此在试验中设置了空白对照（CK），即在花盆中灌溉去离子水，灌溉方式、时间和取样方式与E1、E2一致，与灌溉As溶液的样品于同一环境中处理和测定，最后在数据处理时扣除空白试验溶液中的As浓度。

（三）样品采集和处理

大田试验从2022年7月14日开始，采样周期的日均气温为26.2℃，处于强蒸发的背景条件下。首先采集了图2-1所示样地的地下水样、不同土层土壤溶液以及土壤样品，作为灌溉前背景值。灌水于7月14日24：00开始，持续8 h至7月15日8：00。第一次采样于7月15日10：00开始（记为第1周），之后每隔7 d进行一次灌水，共进行了5次灌溉，于8月12日结束，每次灌溉结束2 h后开始采集不同深度土壤溶液，用于分析不同灌溉周期内土壤溶液中As浓度的变化。其中在7月15日、7月22日和7月29日，从10：00开始，每2 h采集一次土壤溶液，一天共计5次，用于分析一个灌溉周期内土壤溶液中As浓度的变化。5次灌溉结束后，采集不同深度土层的土壤样品，并收集阳离子交换膜样本。对收集的阳离子交换膜样本进行清理，将其带回实验室，用于测定阳离子交换膜上As的相对含量，以分析As在土壤中的迁移情况。

二、样品测定方法

1. 土壤溶液样品测定方法

土壤溶液中的pH值、Eh采用多参数便携式水质分析仪（DZB-718-B

型）测定，土壤溶液中总As用原子荧光光度计（PF3型，北京普析）测定，土壤溶液中的Fe、Mn采用TAS-990原子吸收分光光度计测定，检测下限为0.01 mg·L^{-1}。

本章所用土壤样品基本理化性质及土壤pH值、Eh、总As、Fe、Mn等指标测量方法同第二章测试方法部分。

2. 阳离子交换膜上As测定方法

阳离子交换膜表面的As相对含量利用场发射扫描电镜（Gemini SEM 500型）和X射线能谱仪（AZtec X-Max 50型）进行测定。扫描电镜工作条件为：加速电压10 kV，工作距离10 mm，每个点位的能谱采集时间约2 min。测定范围包括离子膜横向10 cm、纵向20 cm，每1.25 cm设置一个测点，总计32个点位用于As相对含量的测定。

三、数据处理

采用Excel进行试验数据统计，SPSS 25进行数据分析，Origin 9.1绘制点线图和柱状图，采用Surfer 8.0绘制等值线分布图等。

第二节 As在农田土壤中的迁移特征

一、不同灌水周期土壤溶液中As浓度变化

1. 一个灌水周期土壤溶液中As浓度变化

各层土壤溶液中As浓度在一天8 h内的动态变化趋势见图4-4。由图4-4可知，灌溉水中As浓度为262.79 μg·L^{-1}，在灌溉后的8 h内，A区和B区土壤溶液中As浓度均低于灌溉水中As浓度，各层土壤溶液中As浓度均呈现出逐渐下降的趋势。表明高砷地下水灌溉后，地下水中的As进入土壤后会逐渐被土壤颗粒所吸附，8 h内吸附未达到饱和状态，致使土壤溶液中的As逐渐减少。0～5 cm和5～10 cm的土壤溶液As浓度显著高于10～15 cm和15～20 cm（$P<0.05$），0～5 cm和5～10 cm的土壤溶液As浓度无显著变化

（$P>0.05$）。图4-4显示，B区重度盐渍化土壤中各层土壤溶液中的As浓度高于A区中度盐渍化土壤溶液中的As浓度。

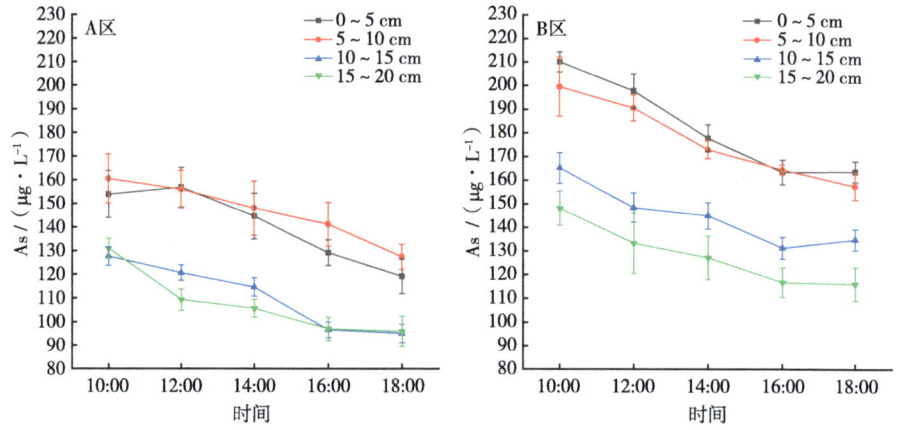

图4-4 土壤溶液中As浓度的日变化

2. 多个灌水周期土壤溶液中As浓度变化

不同土层土壤溶液中As浓度随着灌溉周期的变化情况如图4-5所示。由图4-5可知，随着灌溉次数的增加，土壤溶液中的As浓度呈现逐渐上升的趋势。在A区中度盐渍化土壤中，0~5 cm的土壤溶液中，第1周的As浓度相对于第0周变化最显著，增加了80.78 μg·L^{-1}；在5~10 cm的土壤溶液中，第5周的As浓度相对于第0周呈现最显著的增加，增加了123.19 μg·L^{-1}。在B区重度盐渍化土壤中，0~5 cm的土壤溶液中，第1周的As浓度相对于第0周变化最显著，增加了95.68 μg·L^{-1}；在5~10 cm的土壤溶液中，第5周的As浓度相对于第0周变化最明显，增加了143.25 μg·L^{-1}。B区重度盐渍化土壤溶液中的As浓度高于A区中度盐渍化土壤溶液中的As浓度。在A区和B区内，0~5 cm和5~10 cm的土壤溶液中As浓度均显著高于10~15 cm和15~20 cm（$P<0.05$）。0~5 cm和5~10 cm的As浓度无显著差异（$P>0.05$），同样地，10~15 cm和15~20 cm的As浓度也无显著差异（$P>0.05$）。图4-5显示，B区重度盐渍化土壤中各层土壤溶液中的As浓度高于A区中度盐渍化土壤溶液中的As浓度，表明土壤溶液中的As浓度不仅受到灌溉井中的As浓度的影响，同时也受到土壤中As浓度的影响。

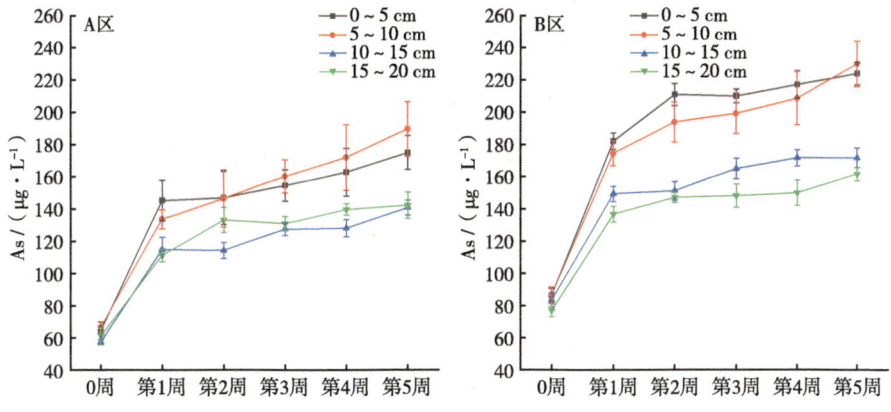

图4-5 土壤溶液中As浓度的累积变化

二、As在农田土壤中的迁移特征

1. 阳离子交换膜上As的迁移特征

等值线图可以直观和准确地描述土壤中As的垂向分布情况。土壤As浓度的等值线图如图4-6所示。在高砷地下水灌溉后，阳离子交换膜上的As呈现一定的表聚现象。由图4-6可知，A区中度盐渍化土壤经过高砷地下水灌溉后，阳离子交换膜上As的表观浓度介于2.34~2.77 $\mu g \cdot L^{-1}$，最大的As浓度出现在土壤深度4 cm，距离滴灌中心3.8 cm处，表观浓度为2.77 $\mu g \cdot L^{-1}$；较低浓度出现在14~20 cm的范围内。B区重度盐渍化土壤中，阳离子交换膜上As的表观浓度为2.69~3.29 $\mu g \cdot L^{-1}$，在土壤深度8 cm，距离滴灌中心6 cm处出现最大的As浓度，表观浓度为3.29 $\mu g \cdot L^{-1}$；较低浓度出现在18~20 cm的范围内。B区的最大As的表观浓度高于A区，同时B区在水平方向上的迁移距离比A区多出了2.2 cm，垂直方向上的迁移距离也多出了4 cm。经过5周灌溉后，A区中度盐渍化土壤溶液中的As在垂直方向上迁移到4.2 cm处，水平方向上迁移到3.8 cm，B区重度盐渍化土壤溶液中As在垂直方向上迁移到8 cm处，水平方向上迁移到6 cm。表明土壤盐分较高的情况下，As在水平和垂直方向上迁移的距离更远，对As的迁移产生更大的促进作用。

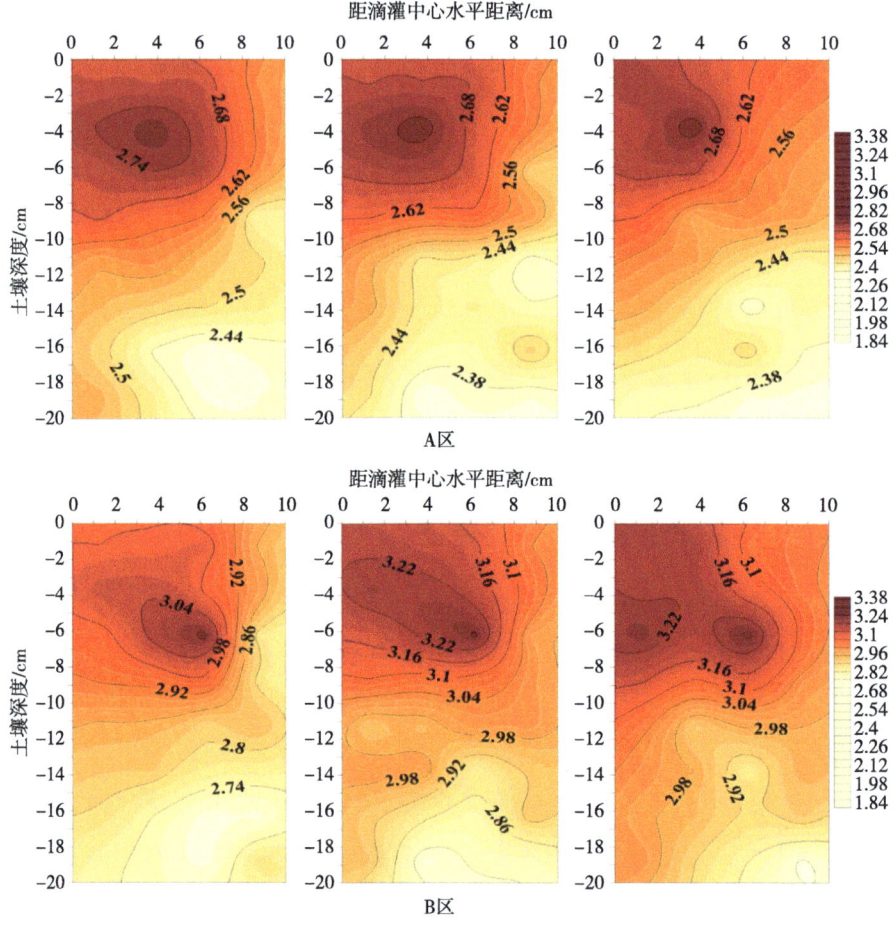

图4-6 土壤As浓度等值线图

2. 灌溉前后土壤中As浓度差异

不同深度土壤中As浓度差异见表4-2。由表4-2可知，A区中度盐渍化土壤中0~15 cm的As浓度显著高于第0周的As浓度（$P<0.05$），5~10 cm处土壤中的As浓度达到最大值16.53 mg·kg^{-1}；B区重度盐渍化土壤中5~20 cm的As浓度显著高于第0周的As含量（$P<0.05$），且As浓度在5~10 cm达到最大值21.32 mg·kg^{-1}。在第5周灌溉结束后，A区土壤中0~5 cm和5~10 cm处As浓度均显著高于10~15 cm和15~20 cm（$P<0.05$）。0~5 cm和5~10 cm的As浓度无显著变化（$P>0.05$），同样，10~15 cm和15~20 cm的As浓度也无显著差异（$P>0.05$）。B区土壤中5~10 cm的As浓度显著高于

15~20 cm的As浓度（$P<0.05$）。通过比较A区和B区土壤在第5周相对于第0周时As浓度的增长率，发现在A区中度盐渍化土壤中的As浓度在0~5 cm的增长率最高，达到11.73%，B区重度盐渍化土壤中的As浓度在5~10 cm的增长率最高，达到8.34%。表明高砷地下水灌溉后，地下水中的As被土壤颗粒吸附，在土壤中累积，As在A区中度盐渍化土壤中主要停留在0~5 cm处，在B区重度盐渍化土壤中As的分布主要集中在5~10 cm，阳离子交换膜上的As迁移位置与这一分布相符。

表4-2 土壤中的As浓度差异

分组	土层深度/cm	0周As浓度/（mg·kg^{-1}）	第5周As浓度/（mg·kg^{-1}）
A区	0~5	14.47 ± 0.63 abB	16.17 ± 0.60 aA
	5~10	15.13 ± 0.81 aB	16.53 ± 0.40 aA
	10~15	14.46 ± 0.44 abB	15.28 ± 0.16 bA
	15~20	14.24 ± 0.96 bA	15.07 ± 1.00 bA
B区	0~5	19.31 ± 1.14 aA	20.13 ± 1.83 abA
	5~10	19.67 ± 1.08 aB	21.32 ± 0.88 aA
	10~15	18.82 ± 0.68 abB	20.79 ± 0.65 abA
	15~20	18.11 ± 0.83 bB	19.65 ± 1.27 bA

注：不同小写字母表示不同深度之间的As含量差异显著（$P<0.05$）；不同大写字母表示不同时间之间的As含量差异显著（$P<0.05$）。下同。

第三节 As在农田土壤中迁移的影响因素

一、蒸发对As（Ⅴ）在土壤中迁移的影响

1. 蒸发量和土壤溶液Eh的动态变化

在试验周期内，室外温度在31.4~36.2℃，平均温度为33.9℃；室内温度在22.6~24.9℃，平均温度为23.8℃。不同蒸发条件下蒸发量的动态变化见图4-7，E1（室内组）的日平均蒸发量为175 g，E2（室外组）的日平均蒸发量为425 g，E2处理组的日蒸发量是E1处理组的2.4倍。

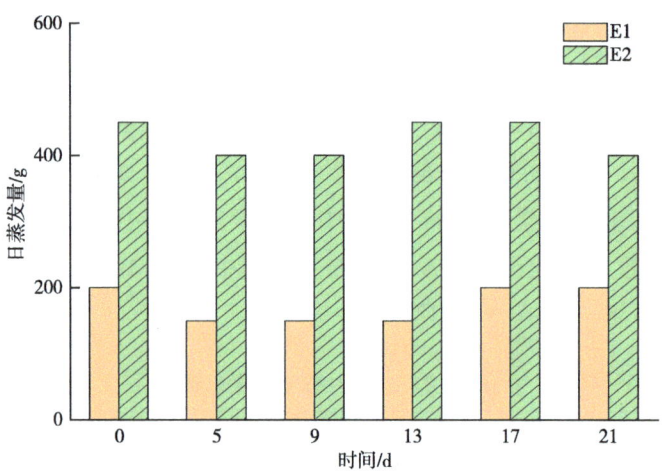

图4-7 蒸发量的动态变化

不同蒸发条件下土壤溶液Eh的日动态变化见图4-8,在1 d内各层土壤溶液Eh均呈现随着时间的增长而增大趋势。E1(室内组)和E2(室外组)在3层土壤溶液中的Eh均呈现显著性差异($P<0.05$),Eh大小均表现为E2>E1。在5 cm处,E1处理组的Eh变化范围为151.4~160.6 mV,平均值为155.52 mV,E2处理组的Eh变化范围为169.7~207.3 mV,平均值为182.52 mV,显著高于E1处理组($P<0.05$)。在25 cm处E1处理组的平均Eh

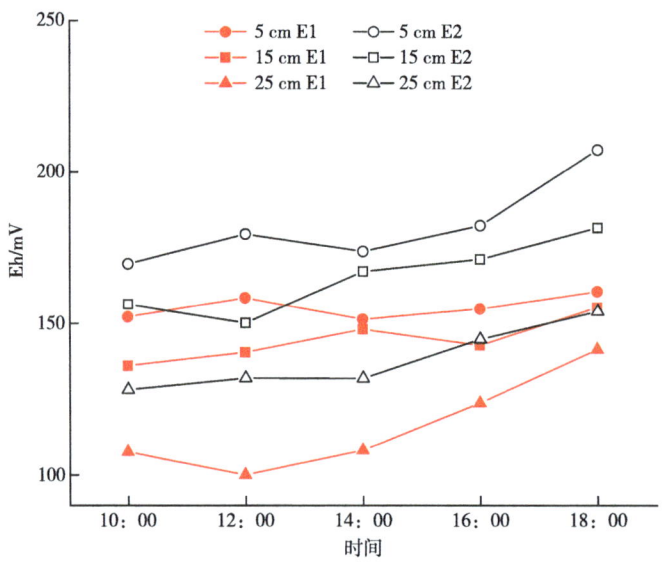

图4-8 不同蒸发条件下土壤溶液Eh的日动态变化

为116.24 mV，E2处理组的平均Eh为138.18 mV，两组处理下，25 cm处的Eh均显著低于5 cm处的Eh（$P<0.05$），5 cm和15 cm处的Eh无显著性差异（$P>0.05$）。

不同蒸发条件下土壤溶液Eh的动态变化见图4-9。由图4-9可知，E1处理组在5 cm处的Eh变化与室外蒸发量变化趋势一致，3层土壤溶液中的Eh大小均表现为E2（室外组）>E1（室内组）。在5 cm处，E1处理组的平均Eh为160.9 mV，E2处理组的平均Eh为191.4 mV；在15 cm处，E1处理组的平均Eh为150.1 mV，E2处理组的平均Eh为169.3 mV；在25 cm处，E1处理组的平均Eh为117.0 mV，E2处理组的平均Eh为146.6 mV。从3层土壤的Eh来看，E1和E2处理组均在土壤5 cm处的Eh最大，在25 cm处的最小。对不同土壤深度的Eh做多重比较后发现，E1和E2处理组的各个时间点在5 cm和15 cm处的Eh均显著高于25 cm处的Eh（$P<0.05$），但5 cm和15 cm处的Eh无显著差异（$P>0.05$）。

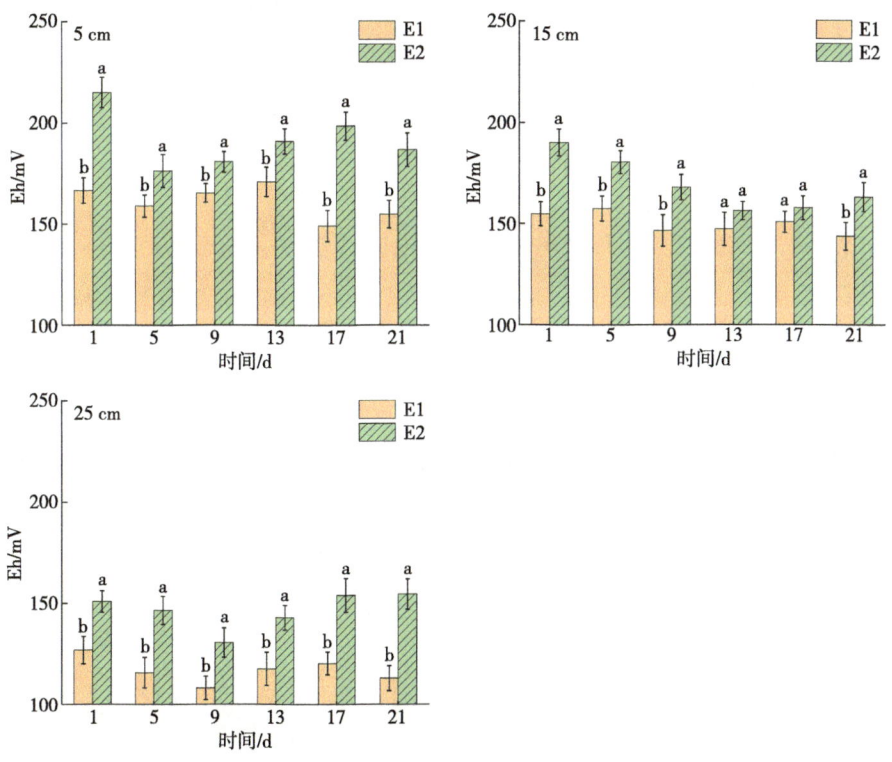

图4-9 不同蒸发条件下土壤溶液Eh的动态变化

注：不同小写字母表示E1和E2处理组之间的Eh差异显著（$P<0.05$）。

2. 不同蒸发条件下离子膜上As的迁移特征

不同蒸发条件下土壤中As含量等值线图见4-10。由图4-10所示，E1（室内组）处理土壤经高砷溶液灌溉后，离子膜上As表观浓度在0.36~0.81，在土壤深度7 cm，距盆中心3 cm处出现最大As浓度，表观浓度为0.81。E2（室外组）处理土壤经过高砷水灌溉后，离子膜上As表观浓度在0.39~0.76，在土壤深度2 cm，距盆中心2 cm处出现最大As浓度，表观浓度为0.76。E1处理组的最大As含量大于E2处理，且E1处理组离子膜上As的最大含量迁移距离比E2处理组在水平距离上多迁移1 cm，垂直距离上多迁移5 cm，表明室内环境比室外环境更有利于As的水平和垂直迁移。灌溉10次后（每次灌溉进入土壤的As的质量为10 mg），室内组As溶液垂直距离

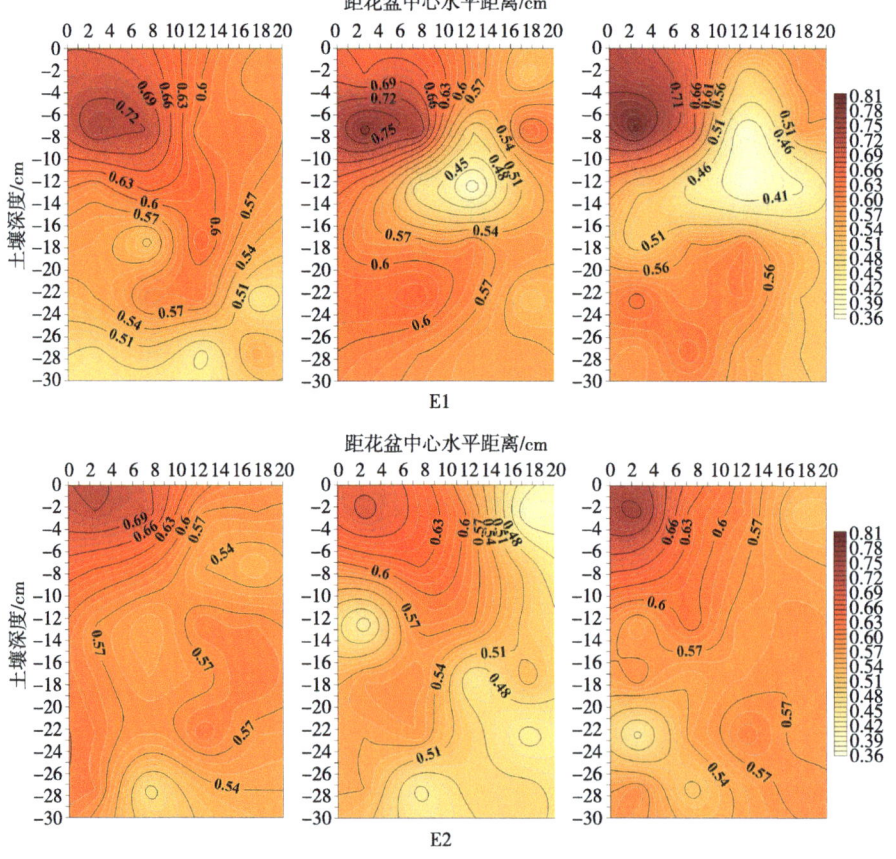

图4-10 不同蒸发条件下土壤As含量等值线

主要迁移到7 cm位置处，水平距离主要迁移到3 cm位置处，室外组As溶液垂直和水平迁移距离均比室内组小。

3. 不同蒸发条件下土壤溶液中As的动态变化

不同蒸发条件下不同位置（5 cm、15 cm、25 cm）土壤溶液中As含量的动态变化见图4-11。由图4-11可知，E1（室内组）和E2（室外组）在3层土壤溶液中的As含量均随灌溉次数的增加而增大，3层土壤溶液As含量大小均表现为E1>E2。对各时间点的E1和E2处理组土壤溶液As含量做多重比较发现，E1处理后的土壤溶液As含量均显著高于E2（$P<0.05$），且5 cm处的As含量最大，远高于15 cm和25 cm处。

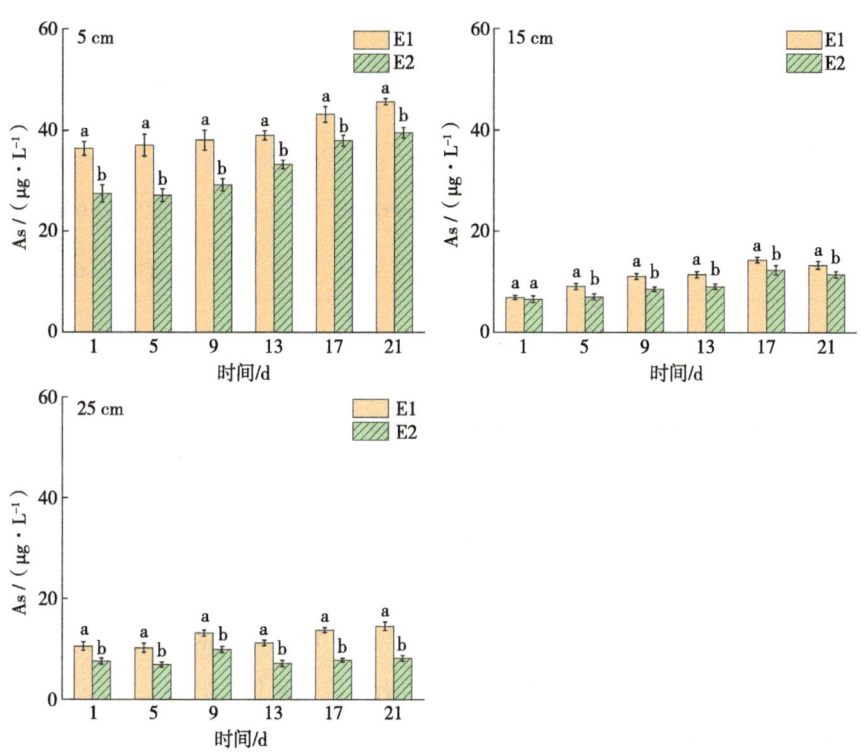

图4-11 不同蒸发条件下土壤溶液中As含量动态变化

注：不同小写字母表示E1和E2处理组之间的As含量差异显著（$P<0.05$）。

不同蒸发条件下土壤溶液中的As含量差异见表4-3，由表4-3可知，第21天灌溉结束后的5 cm和15 cm土壤溶液As含量显著高于第1天的As含量（$P<0.05$）。E1和E2处理在深度5 cm处的As含量均显著高于深度15 cm

和25 cm处的As含量（$P<0.05$），表明通过灌溉高砷水后大部分的As仍停留在深度5 cm处，这与离子膜上As的迁移结果一致。分别对3层土壤溶液中的As含量和Eh做Pearson相关性分析可知，3层土壤溶液中As含量均与Eh呈显著负相关（$r_5=-0.628$，$P<0.05$；$r_{15}=-0.705$，$P<0.05$；$r_{25}=-0.873$，$P<0.01$）。

表4-3　不同蒸发条件下土壤溶液中As含量差异

处理组	深度/cm	第1天As含量/（$\mu g \cdot L^{-1}$）	第21天As含量/（$\mu g \cdot L^{-1}$）
E1	5	36.41 ± 1.37 aB	45.67 ± 0.62 aA
	15	6.94 ± 0.41 cB	13.33 ± 0.77 bA
	25	10.60 ± 0.85 bB	14.57 ± 0.86 bA
E2	5	27.46 ± 1.72 aB	39.53 ± 1.03 aA
	15	6.57 ± 0.68 bB	11.50 ± 0.60 bA
	25	7.62 ± 0.60 bA	8.23 ± 0.56 cA

二、pH值对As（Ⅴ）在土壤中迁移的影响

1. 土壤溶液pH值的动态变化

灌溉pH值为7.5、8.5和9.5的高砷水后土壤溶液pH值的动态变化见图4-12，由图4-12可以看出，3层土壤溶液pH值均有随灌溉次数的增加pH值逐渐增加的趋势。在5 cm处，P3（pH值=9.5）处理组的土壤溶液平均pH值为8.29，P2（pH值=8.5）处理组的平均pH值为8.14，P1（pH值=7.5）处理组的平均pH值为8.01，土壤溶液pH值大小表现为P3>P2>P1，经多重比较结果可知，P3处理组各时间点的pH值均显著高于P1和P2处理组的pH值（$P<0.05$）。P1处理组的3层土壤溶液平均pH值大小表现为5 cm（8.01）>25 cm（7.85）>15 cm（7.83）；P2处理组的3层土壤溶液平均pH值大小表现为5 cm（8.14）>15 cm（7.92）>25 cm（7.86）；P3处理组的3层土壤溶液平均pH值大小表现为5 cm（8.29）>15 cm（7.95）>25 cm（7.85）。将各

时间点的3层土壤溶液pH值做多重比较发现，P1、P2和P3处理组在5 cm处的pH值均显著高于15 cm和25 cm处的pH值（$P<0.05$）。

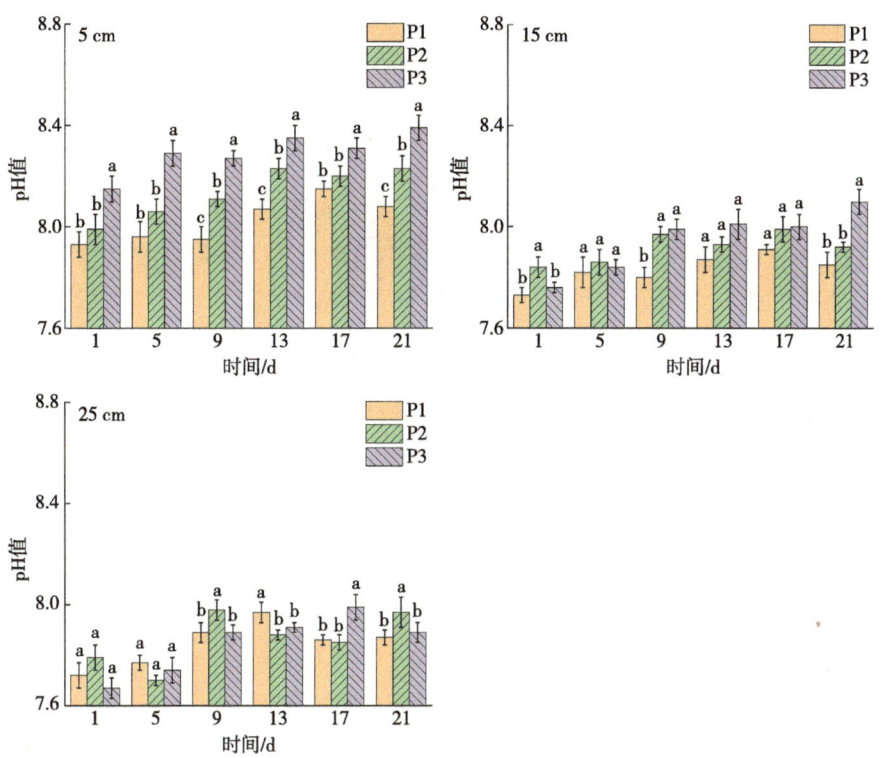

图4-12　不同pH值条件下土壤溶液pH值的动态变化

注：不同小写字母表示P1、P2和P3处理组之间的pH值差异显著（$P<0.05$）。

2. 不同pH值条件下离子膜上As的迁移特征

不同pH值条件下土壤中As含量等值线图见4-13。由图4-13可以看出，土壤经中性（P1）、弱碱性（P2）As溶液灌溉后，离子膜上各点位的As表观浓度最终分别在0.36~0.74、0.37~0.75，最大As浓度均出现在土壤深度2 cm，距盆中心2 cm处。土壤经过碱性（P3）高砷水灌溉后，离子膜上As的表观浓度在0.36~0.80，在土壤深度7 cm，距盆中心2 cm处出现最大As浓度。3个处理之间的最大As浓度依次为P3>P2>P1，P3离子膜上的最大As含量迁移距离比P1和P2处理组仅在垂直距离上多迁移5 cm，表明灌溉水pH值为9.5时，比pH值为7.5和8.5时在垂直距离上迁移得更远。

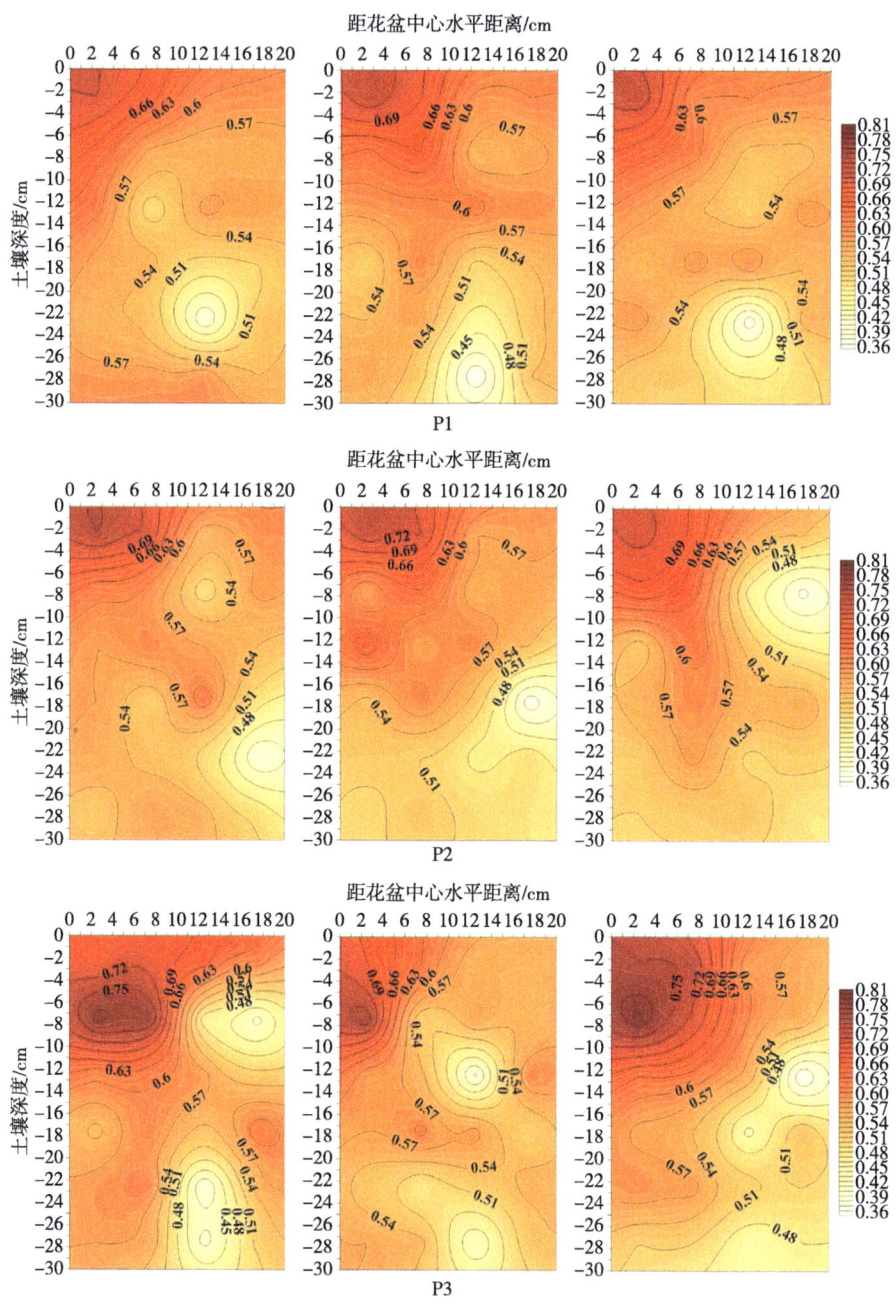

图4-13 不同pH值条件下土壤As含量等值线

3. 不同pH值条件下土壤溶液中As的动态变化

不同pH值条件下不同位置（5 cm、15 cm、25 cm）土壤溶液中As

含量的动态变化见图4-14。由图4-14可知，对于深度5 cm的土壤，土壤溶液As含量均随灌溉次数的增加而增大，P1（pH值=7.5）处理组的As含量从22.48 μg·L^{-1}增加至36.19 μg·L^{-1}；P2（pH值=8.5）处理组的As含量从23.04 μg·L^{-1}增加至37.36 μg·L^{-1}；P3（pH值=9.5）处理组的As含量从27.88 μg·L^{-1}增加至41.08 μg·L^{-1}。P1、P2和P3处理组的平均As含量大小为P3（34.86 μg·L^{-1}）>P2（30.15 μg·L^{-1}）>P1（29.42 μg·L^{-1}），对各时间点的P1、P2和P3处理组土壤溶液As含量做多重比较发现，P3处理灌溉后的土壤溶液As含量显著高于P1和P2处理组（$P<0.05$），P1与P2处理灌溉后的As含量没有显著差异（$P>0.05$）。在深度15 cm和25 cm处，经过P1、P2和P3处理灌溉后的土壤溶液As含量之间均无显著变化（$P>0.05$），土壤溶液As含量一直维持在5.47~9.03 μg·L^{-1}。

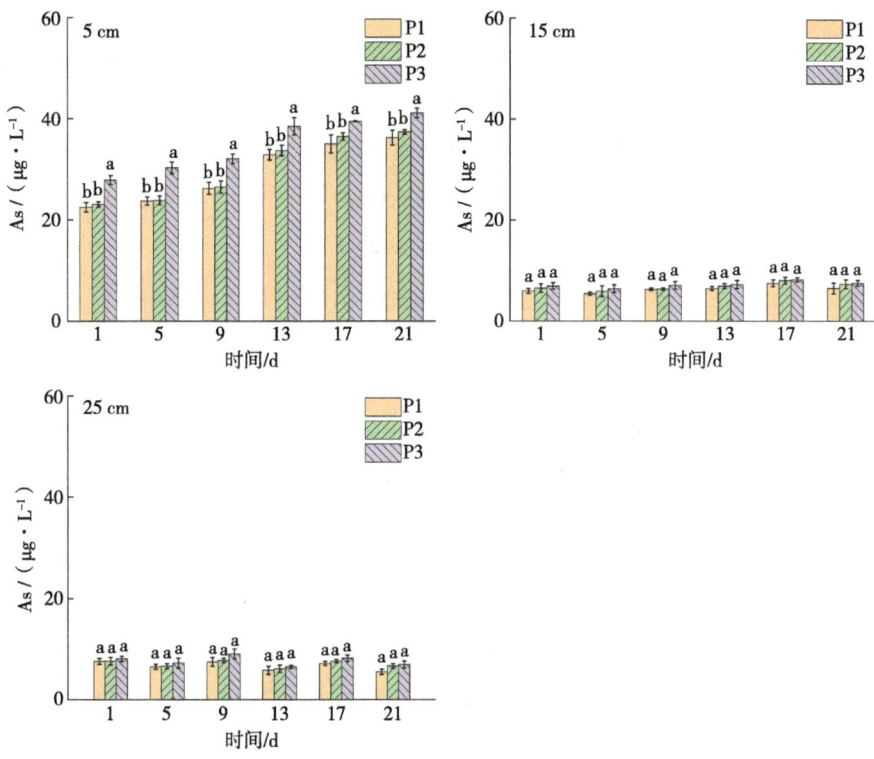

图4-14 不同pH值条件下土壤溶液中As含量动态变化

注：不同小写字母表示P1、P2和P3处理组之间的As含量差异显著（$P<0.05$）。

不同pH值条件下土壤溶液中的As含量差异见表4-4。由表4-4可知，第

21天灌溉结束后5 cm处土壤溶液As含量较第1天显著增加（$P<0.05$），且深度5 cm处的As含量显著高于深度15 cm和25 cm处的As含量（$P<0.05$），表明通过灌溉不同pH值的高砷水后大部分As停留在土壤表层，这与离子膜上As的迁移结果一致。分别对3层土壤溶液中的As含量和pH值作Pearson相关性分析可知，在5 cm和15 cm处土壤溶液As含量均与pH值呈极显著正相关（$r_5=0.812$，$P<0.01$；$r_{15}=0.682$，$P<0.01$）。

表4-4　不同pH值条件下土壤溶液中As含量差异

处理组	深度/cm	第1天As含量/（μg·L^{-1}）	第21天As含量/（μg·L^{-1}）
P1	5	22.48 ± 0.95 aB	36.19 ± 1.46 aA
	15	6.02 ± 0.46 cA	6.53 ± 1.05 bA
	25	7.57 ± 0.59 bA	5.50 ± 0.51 bB
P2	5	23.04 ± 0.54 aB	37.36 ± 0.47 aA
	15	5.97 ± 0.84 bB	7.33 ± 0.86 bA
	25	6.63 ± 0.76 bA	6.67 ± 0.47 bA
P3	5	27.88 ± 0.89 aB	41.08 ± 0.94 aA
	15	6.99 ± 0.64 bA	7.55 ± 0.53 bA
	25	8.08 ± 0.53 bA	6.94 ± 0.71 bA

三、盐分对As（Ⅴ）在土壤中迁移的影响

1. 土壤溶液TDS的动态变化

灌溉TDS分别为0.5 g·L^{-1}（T1）、1.5 g·L^{-1}（T2）和4.5 g·L^{-1}（T3）的高砷水后土壤溶液TDS的动态变化见图4-15。由图4-15可知，T1（淡水）、T2（微咸水）和T3（咸水）处理组在3层土壤溶液的TDS均有随灌溉次数的增加而逐渐增大的趋势。在5 cm处，土壤溶液平均TDS大小表现为T3（4.73 g·L^{-1}）>T2（3.03 g·L^{-1}）>T1（2.64 g·L^{-1}）；在15 cm处，土壤溶液平均TDS大小表现为T3（4.94 g·L^{-1}）>T2（3.26 g·L^{-1}）>T1（2.60 g·L^{-1}）；在25 cm处，土壤溶液TDS大小表现为T3（5.12 g·L^{-1}）>T2（3.35 g·L^{-1}）>T1（2.93 g·L^{-1}）。经多重比较可知，3层土壤中T3（咸水）处理组各时间点的TDS均显著高于T1

（淡水）和T2（微咸水）处理组的TDS（$P<0.05$）；T1和T2处理组的TDS无显著差异（$P>0.05$）。对T1、T2和T3处理组的3层土壤溶液TDS值做多重比较发现，T1、T2和T3在25 cm处的TDS均显著高于5 cm处的TDS值（$P<0.05$）。

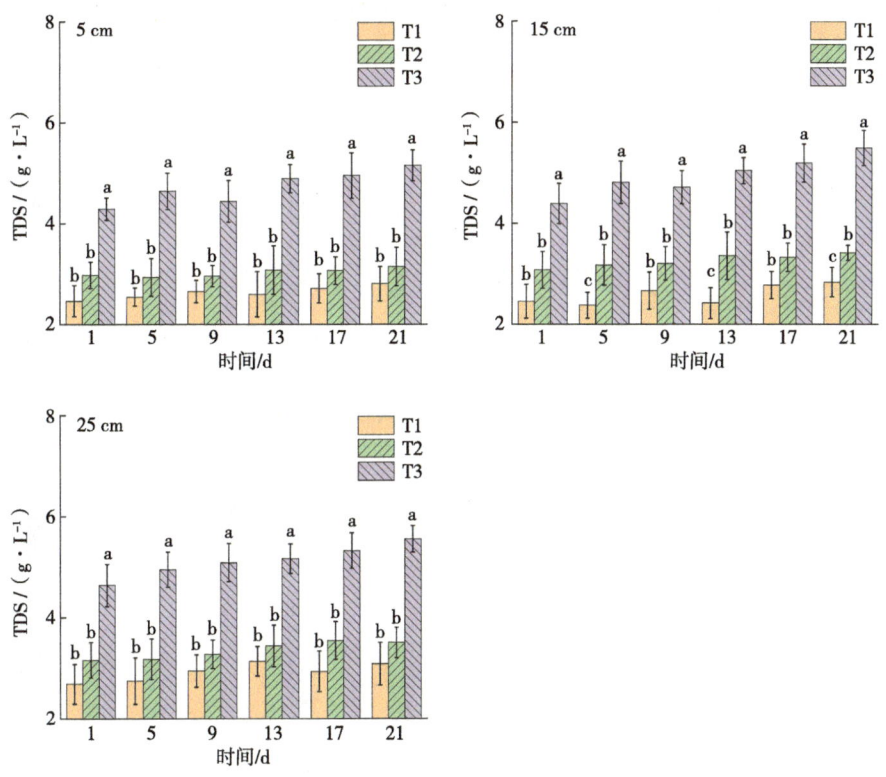

图4-15 不同盐分条件下土壤溶液TDS的动态变化

注：不同小写字母表示T1、T2和T3处理组之间的TDS值差异显著（$P<0.05$）。

2. 不同盐分条件下离子膜上As的迁移特征

不同盐分条件下土壤中As含量等值线图见4-16。由图4-16可以看出，土壤经淡水（T1）、微咸水（T2）As溶液灌溉后，离子膜上各点位的As表观浓度最终分别在0.36～0.76、0.36～0.77，最大As浓度均出现在土壤深度2 cm，距盆中心2 cm处。土壤经过咸水（T3）As溶液灌溉后，离子膜上As的表观浓度在0.38～0.79，在土壤深度8 cm，距盆中心3 cm处出现最大As浓度。3个处理之间的最大As浓度依次为T3>T2>T1，T3处理组离子膜上的最大As含量迁移距离比T1和T2处理组在水平距离上多迁移1 cm，垂直距离上多迁移6 cm，表明灌溉水TDS为4.5 g·L^{-1}时，比TDS为0.5 g·L^{-1}和1.5 g·L^{-1}时在水平和垂直距离均迁移得更远。

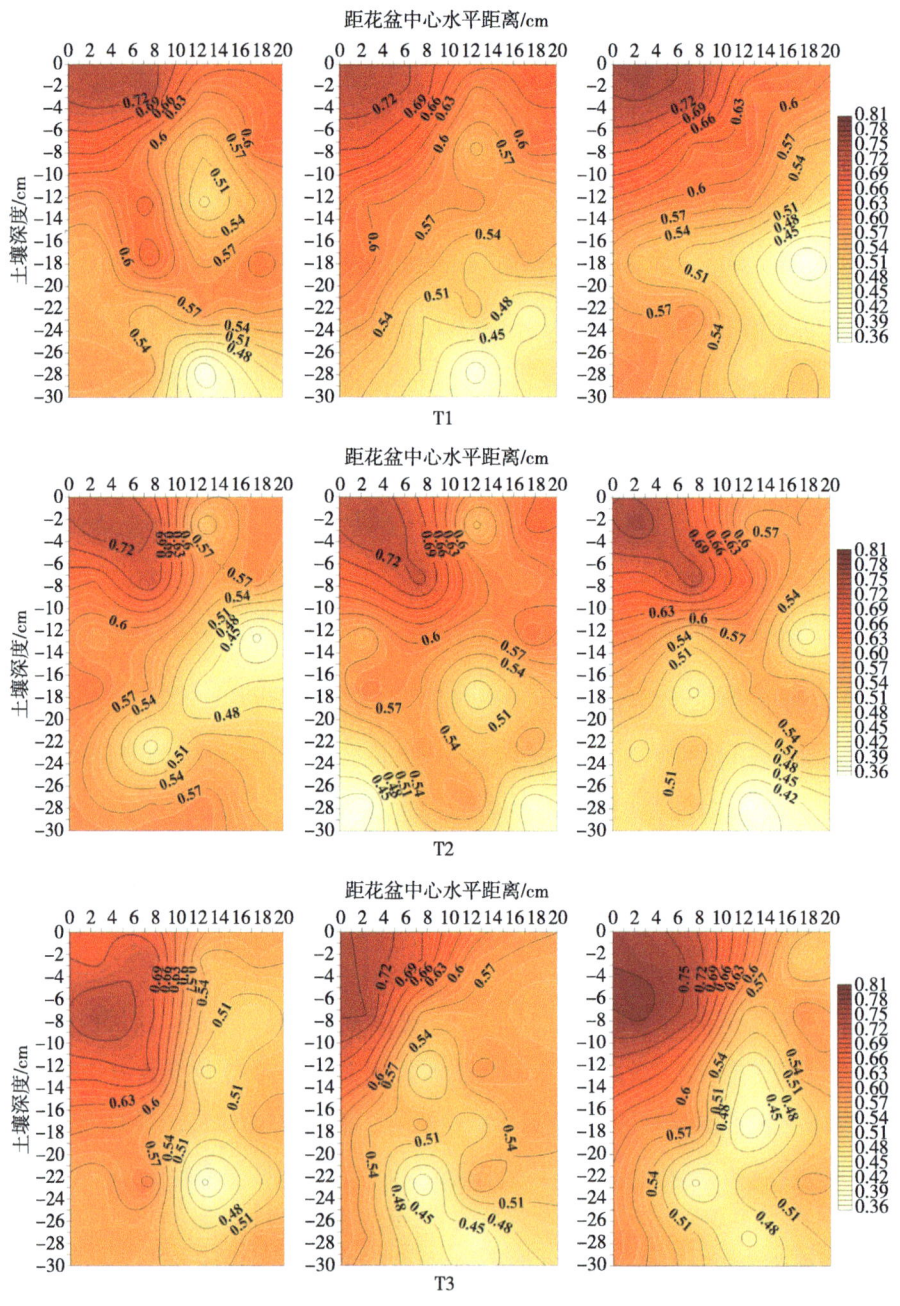

图4-16 不同盐分条件下土壤As含量等值线

3. 不同盐分条件下土壤溶液中As含量动态变化

不同盐分条件下不同位置（5 cm、15 cm、25 cm）土壤溶液中As含量动态变化见图4-17。由图4-17可知，对于深度5 cm的土壤，灌溉T1（淡水）、T2（微咸水）和T3（咸水）处理的As溶液后，土壤溶液中平均As含量大小表现为T3（35.72 μg·L^{-1}）>T2（32.68 μg·L^{-1}）>T1（29.50 μg·L^{-1}），多重比较结果也表明各时间点的T1、T2和T3处理组之间存在显著差异（$P<0.05$）。在深度15 cm处，第21天灌溉后T2和T3处理组的土壤溶液As含量显著高于T1处理组的土壤溶液As含量（$P<0.05$）。在深度25 cm处，第21天灌溉后T3处理组的土壤溶液As含量显著高于T1和T2处理组的土壤溶液As含量（$P<0.05$）。

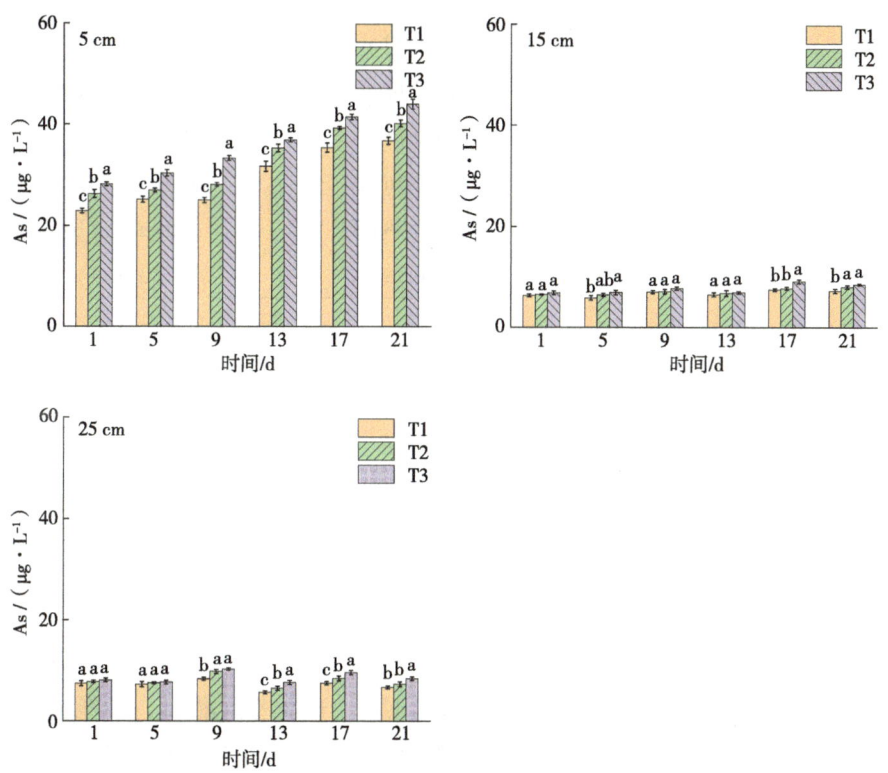

图4-17 不同盐分条件下土壤溶液中As含量动态变化

注：不同小写字母表示T1、T2和T3处理组之间的As含量差异显著（$P<0.05$）。

不同盐分条件下土壤溶液中的As含量差异见表4-5。由表4-5可知，第21天灌溉后的5 cm和15 cm土壤溶液As含量显著高于第1天的As含量（$P<0.05$）。

深度5 cm处的As含量显著高于深度15 cm和25 cm处的As含量（$P<0.05$），表明通过连续灌溉不同盐分的高砷水后大部分As在表层土壤停留，而盐分离子比As迁移得更快，距离更远（图4-16）。分别对3层土壤溶液中的As含量和TDS做Pearson相关性分析可知，在3层土壤溶液中As含量均与TDS呈显著正相关关系（$r_5=0.522$，$P<0.05$；$r_{15}=0.619$，$P<0.01$；$r_{25}=0.478$，$P<0.05$）。

表4-5　不同盐分条件下土壤溶液中As含量差异

处理组	深度/cm	第1天As含量/（μg·L^{-1}）	第21天As含量/（μg·L^{-1}）
T1	5	22.94 ± 0.46 aB	36.78 ± 0.68 aA
	15	6.33 ± 0.28 cB	7.22 ± 0.39 bA
	25	7.44 ± 0.50 bA	6.67 ± 0.27 bA
T2	5	26.28 ± 0.80 aB	40.17 ± 0.67 aA
	15	6.52 ± 0.12 cB	8.00 ± 0.34 bA
	25	7.78 ± 0.25 bA	7.31 ± 0.48 bA
T3	5	28.20 ± 0.36 aB	44.04 ± 0.98 aA
	15	6.85 ± 0.38 cB	8.51 ± 0.17 bA
	25	8.11 ± 0.36 bA	8.42 ± 0.34 bA

第四节　讨　论

一、迁移特点

通过使用来自相同水井的地下水对A区、B区进行灌溉，观察到这两个区域在一个或多个灌溉周期内土壤溶液中的As浓度始终低于灌溉用水的As浓度。这是因为高As水灌溉过程中，水体中的As在进入土壤溶液前，已快速被土壤颗粒所吸附，使土壤溶液中的As逐渐减少。随着灌溉周期的增加，发现土壤溶液中As含量逐步上升，这不仅源于灌溉水中的As，也反映了土壤背景As通过解吸作用进入土壤溶液的过程。土壤中含As化合物的迁移和残留主要受吸附和解吸的影响,这是因为As化物在土壤中多以带负电的形式存在,土壤溶液中带负电的As酸根可与土壤成分通过化学吸附或配位体交换形成内表层的复合物(尚爱安,2000;蒋成爱 等,2004)。郑国璋(2008)研究发现关中平原污灌区土壤剖面中的As富集在土壤耕作层,向下层递减的趋势不明显;Wang等(2015)对耕作土壤的研究也表明随时间的推移As逐渐累积在表层,而底层土壤中的As含量与当地土壤As背景值更接近,本试验的灌溉活动也主要引起土壤0~10 cm处As含量的变化。本试验通过离子膜研究发现,中度盐渍化土壤离子膜上As垂直迁移到4.2 cm位置,水平迁移到3.8 cm位置,重度盐渍化土壤离子膜上As垂直迁移到8 cm位置处,水平迁移到6 cm位置处。这可能是由于两块区域的背景值不同造成的。重度盐渍化土壤中As的背景值比中度盐渍化土壤高,土壤盐分比较高。在高As水的灌溉下,土壤对As的吸附能力较强,灌溉后As进入土壤后容易被吸附固定,随溶液向下迁移的As含量会随着土壤离子竞争而向下迁移。研究区的土壤对As具有缓冲能力,因此当高As水通过滴灌的方式进入土壤后,As被快速吸附固定,难以继续向下迁移,加之滴灌灌水量较小、流速较小、时间较短,As很难被淋洗到深土层中。

表层土壤As与铁、锰等营养元素呈显著正相关,土壤中铁主要以氧化物的形式存在,铁氧化物有较强的氧化性,同时具有较强的吸附性,土壤铁与As之间有良好的相关性,当铁含量高,土壤中的As易在铁的表面发生吸附,并与之结合,铁和As的含量则会同时增加(安礼航 等,2020)。本研究土壤溶液中As含量与铁含量呈现出正相关关系,土壤中的As与铁元素的存在形式和含量紧密相关,反映了土壤对As吸附和迁移能力的影响。

二、影响因素

在自然条件和人为因素影响下,土壤中的三相物质(固相、气相和液相)相互作用,土壤溶液是最活跃的部分,可为土壤化学反应和溶质迁移提供场所(邓建才 等,2008)。本试验通过测定不同深度土壤溶液中的As含量,发现在整个试验周期内As的迁移速率缓慢,在土壤0~10 cm内发生累积,这是因为高砷水灌溉过程中,水体中的As在进入土壤溶液前,已快速被固定于土壤固相介质中。土壤中含As化合物的迁移和残留主要受吸附和解吸的影响，这是因为砷化物在土壤中多以带负电的形式存在，土壤溶液中带负电的砷酸根可与土壤成分通过化学吸附或配位体交换形成内表层的复合物（尚爱安，2000；蒋成爱 等，2004）。郑国璋（2008）研究发现，关中平原污灌区土壤剖面中的As富集在土壤耕作层，向下层递减的趋势不明显。Wang等（2015）对耕作土壤的研究也表明，随时间的推移As逐渐累积在表层，而底层土壤中的As含量与当地土壤As背景值更接近。本试验的灌溉活动也主要引起土壤0~10 cm处As含量的变化。本试验通过离子膜结合SEM-EDS技术进一步研究发现，在室外灌溉pH值=8.5，TDS=1.5 g·L^{-1}的高砷溶液后，As在垂直和水平方向上的迁移均发生在2 cm内，这与李晶（2016）通过淋溶试验对As在新疆奎屯农田土壤中的迁移研究结果一致，As主要集中在土壤0~2 cm范围内。土壤对As的吸附能力较强，灌溉后As进入土壤后容易被吸附固定，随溶液向下迁移的As含量较少。

土壤中As的环境效应（吸附、解吸、迁移和转化等）受土壤本身的理化性质及外界环境等多种因素的影响，其中土壤pH值和Eh是土壤主要理化指标之一，不仅影响土壤养分的有效性及土壤肥力，而且影响土壤中重金属元素的存在形态、有效性及迁移转化（王成文 等，2016）。此外，在盐碱土中，砷污染物可能与钠和卤素形成AsF_3和$AsCl_3$等卤化物，形成易溶于水的砷酸盐、亚砷酸盐（张静，2008）。陈丽娜（2009）研究证实不同水分管理模式下Eh和As含量呈负相关。本试验结果表明，在室内（E1）环境中的土壤溶液和离子膜上的As含量更大，且E1处理组离子膜上最大As含量出现在距花盆中心水平3 cm，垂直7 cm处的位置比E2处理组迁移距离更远，表明室外强蒸发条件，使Eh升高，一定程度抑制了As的迁移。本试验中土壤溶液As和Eh呈极显著负相关，这表明Eh越低，As（V）的含量越大，说明低Eh的还原环境有利于As的释放。钟松雄等（2017）研究指出土壤溶液总As和pH值的关系可用公式表达为[As]=-0.557+3.61×10^{-11}exp（3.50 pH），严怡君等（2018）研究灌溉作用下非饱和带As含量变化也指出灌溉区土壤孔隙水的pH值与As呈现显著正相关。本试验依据奎屯地下水pH值设置7.5、8.5、9.5这3个梯度，研究发现当连续灌溉pH值=9.5（P3）的As溶液后，土壤溶液pH值显著增加，土壤溶液As含量也显著高于pH值=7.5（P1）、pH值=8.5（P2）时的，且离子膜上P3处理组最大As浓度出现在距花盆中心水平2 cm，垂直7 cm处的位置比P1、P2处理组迁移距离更远。这可能是因为碱性溶液（pH值=9.5）灌溉后，土壤溶液pH值升高，土壤中带正电荷的黏土矿物对As的吸附能力减弱，致使更多的As被释放到土壤溶液中。本试验中土壤溶液As和pH值呈极显著正相关，说明土壤pH值影响As的有效性，pH值越高，土壤对As的吸附能力越弱，土壤溶液中总As的含量就越大。本试验通过灌溉淡水（T1）、微咸水（T2）、咸水（T3）的高砷溶液后发现，土壤溶液As含量的变化规律表现为T3>T2>T1，离子膜上T3灌溉后最大As含量出现在距花盆中心水平3 cm，垂直8 cm处的位置比T1、T2处理组迁移的距离更远，表明As在土壤中的迁移转化受盐分的影响也很显著。本试验灌溉水的盐分以SO_4^{2-}、Cl^-和Na^+为主，其中SO_4^{2-}能够促使As从土壤结合态中释放出来（安礼航，2020），Na^+会使土壤盐渍化引起钙交换淋溶，促使砷酸钙解离被释放出去（吕佳芮 等，2019）。因此土壤中盐分的存在有利于As的解吸。

  本研究结果表明土壤蒸发会抑制As的迁移，而pH值提高、盐分增加能促进土壤As的迁移。对于新疆奎屯垦区而言，该地区存在大面积地下水高砷区，地下水As含量范围在2.40～1 152.19 $\mu g\cdot L^{-1}$，pH值的范围为7.31～9.88（邓雯文 等，2021a），TDS浓度在0.04～5.12 $g\cdot L^{-1}$（邓雯文 等，2021b）。该地区土壤类型主要包括灰漠土、盐土、潮土等，土壤一般呈碱性（pH值>7.5），且次生盐渍化严重。因此该地区如果长期使用地下水灌溉不仅会使土壤中As含量增加，还会进一步导致土壤pH值和盐分的增高，灌溉使土壤处于一定的还原条件，使土壤中As的溶解迁移性增大，危害性增强，最终导致土壤As在空间分布上发生变化。这些研究结果对了解土壤中As的迁移机制和As污染的防治具有重要意义。

第五章 As在农田土壤中的转化特征和影响因素

第一节 材料与方法

本章所用试验设计、装置、测试指标与方法及数据处理等同第四章材料与方法部分。

第二节 As在农田土壤中的转化特征

一、农田土壤As的转化特征

1. A区土壤中As的转化特征

土壤中As的影响不仅取决于其浓度大小,还受其有效性和土壤中存在的结合形态影响。土壤中的As主要以无机态存在,其结合形态主要包括水溶态As(H_2O-As)、交换态As(A-As)、铁型As(Fe-As)、钙型As(Ca-As)、铝型As(Al-As)、残渣态As(O-As)。在灌溉井G高As咸水地下水的灌溉下,A区中度盐渍化土壤在灌溉前(第0周)和灌溉后(第5周),土壤As结合态浓度变化如图5-1所示。

第五章 As在农田土壤中的转化特征和影响因素

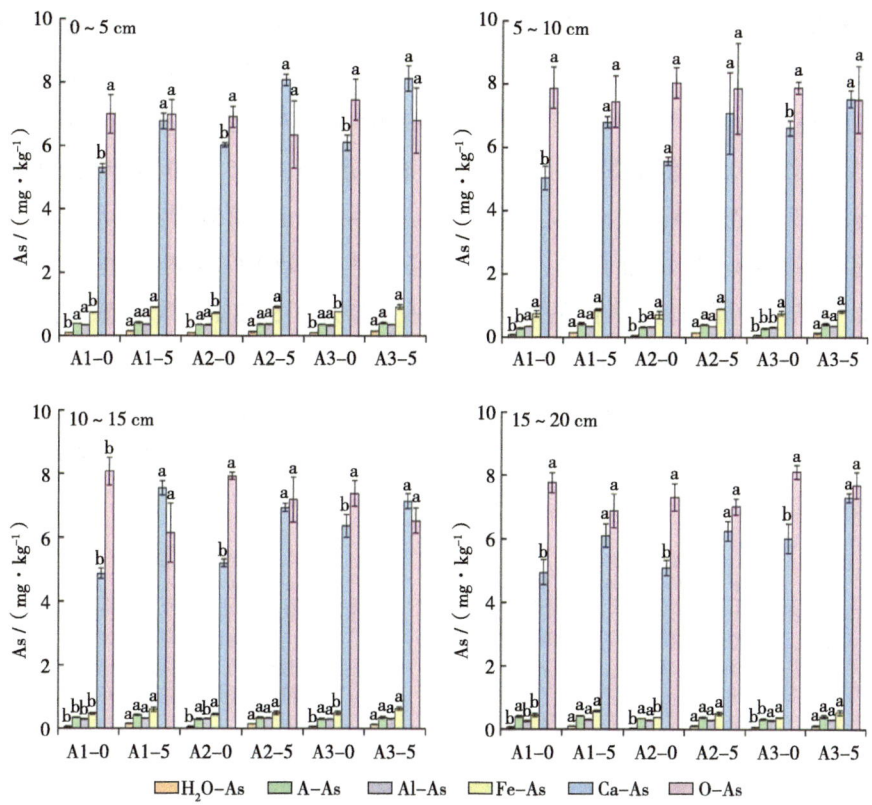

图5-1 A区土壤As结合态浓度变化

注："-0"表示灌水第0周，"-5"表示灌水第5周；不同小写字母表示第0周和第5周之间结合态As含量差异显著（$P<0.05$）。

图5-1可知，灌溉前（第0周），A区4层土壤各结合态As浓度以O-As占绝对优势，最高为8.11 mg/kg，然后依次为Ca-As、Fe-As、Al-As、A-As和H_2O-As。在0～5 cm处，第5周A区采样点的Ca-As、Fe-As和H_2O-As显著高于第0周（$P<0.05$）；在5～10 cm处，第5周A1和A3采样点的A-As和H_2O-As显著高于第0周（$P<0.05$），A区采样点的Ca-As、Fe-As和H_2O-As显著高于第0周（$P<0.05$）；在10～15 cm和15～20 cm处，第5周Ca-As和Fe-As显著高于第0周（$P<0.05$）。

根据土壤中As的生物可利用性，土壤中的6种结合态As进一步分为有效态As（H_2O-As、A-As）、难溶态As（Al-As、Fe-As、Ca-As）以及残渣态As（O-As）。A区在灌溉前（第0周）和灌溉后（第5周），土壤As结合

· 77 ·

态占比如图5-2所示,由图5-2可知,在第0周,A区土壤结合态As的占比在0～5 cm的大小依次为残渣态As>难溶态As>有效态As,在5～10 cm处均表现为残渣态As>难溶态As>有效态As。在第5周,A区土壤结合态As占比在0～5 cm处依次为难溶态As>残渣态As>有效态As,在5～10 cm处表现为难溶态As>残渣态As>有效态As。可以看出在0～5 cm处第5周与第0周相比,A区的难溶态As占比增加了7.57%,残渣态As占比减少了7.64%;在5～10 cm处第5周与第0周相比,A区的难溶态As占比增加了5.52%,残渣态As占比减少了6.52%。在更深的土层(10～15 cm和15～20 cm),A区在第5周时土壤结合态As占比大小依次为难溶态As>残渣态As>有效态As。表明地下水灌溉对土壤中As的结合形态变化有一定影响,高As水灌溉后,土壤中的As更容易形成难溶态As和有效态As。

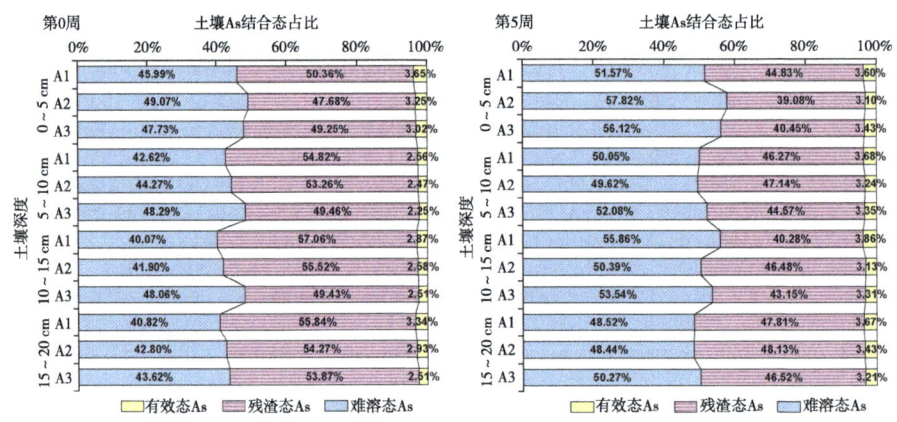

图5-2　A区土壤As结合态占比

2. B区土壤中As的转化特征

图5-3为B区土壤As结合态浓度变化。由图5-3可知,B区重度盐渍化土壤,在0～5 cm处,第5周土壤各结合态As浓度以Ca-As占绝对优势,然后依次为O-As、Fe-As、Al-As、A-As和H_2O-As,并且B区第5周的Ca-As、Fe-As和H_2O-As显著高于第0周($P<0.05$);在5～10 cm处,土壤各结合态As含量以O-As占绝对优势,第5周的Ca-As、Fe-As、Al-As、A-As和H_2O-As显著高于第0周($P<0.05$),O-As无显著变化($P>0.05$);在10～15 cm和15～20 cm处,第5周的Ca-As显著高于第0周($P<0.05$)。

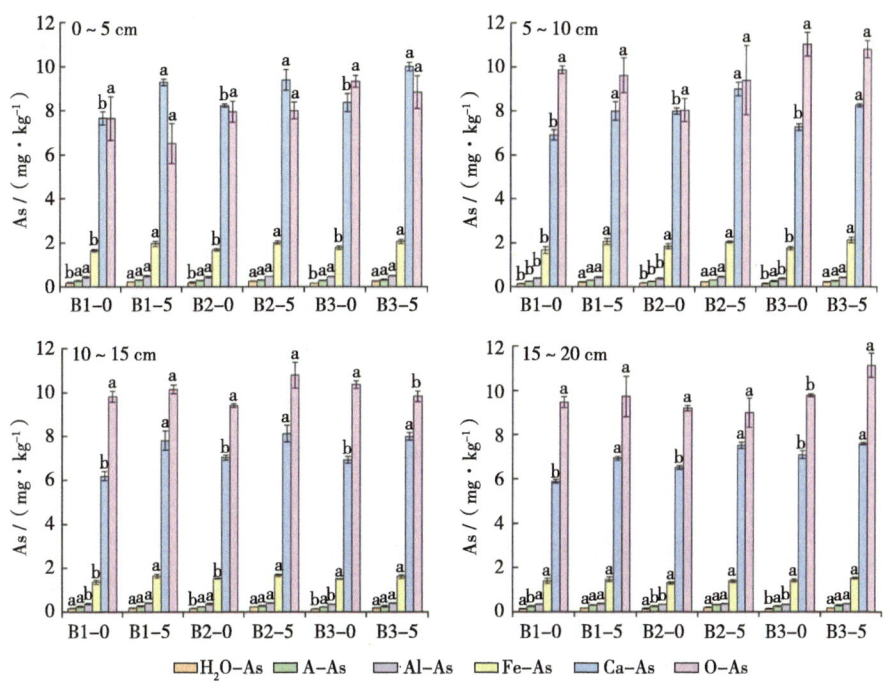

图5-3　B区土壤As结合态浓度变化

注："-0"表示灌水第0周，"-5"表示灌水第5周；不同小写字母表示第0周和第5周之间结合态As含量差异显著（$P<0.05$）。

图5-4表示为土壤As结合态占比。由图5-4可知，B区重度盐渍化土壤在第0周0~5 cm处土壤结合态As占比大小依次表现为难溶态As>残渣态As>有效态As，在5~10 cm处表现为残渣态As>难溶态As>有效态As。在第5周0~5 cm处土壤结合态As占比大小依次表现为难溶态As>残渣态As>有效态As；在5~10 cm处表现为难溶态As>残渣态As>有效态As。第5周与第0周相比，0~5 cm处难溶态As占比增加了6.97%，残渣态As占比减少了7.29%，有效态As占比增加了0.32%；在5~10 cm处难溶态As和有效态As占比分别增加了2.80%和0.36%，残渣态As占比减少了3.16%。在10~20 cm处，第5周时土壤结合态As占比大小依次为难溶态As>残渣态As>有效态As。表明地下水灌溉对土壤中As的结合形态变化有一定影响，高As水灌溉后，土壤中的As更容易形成难溶态As和有效态As。

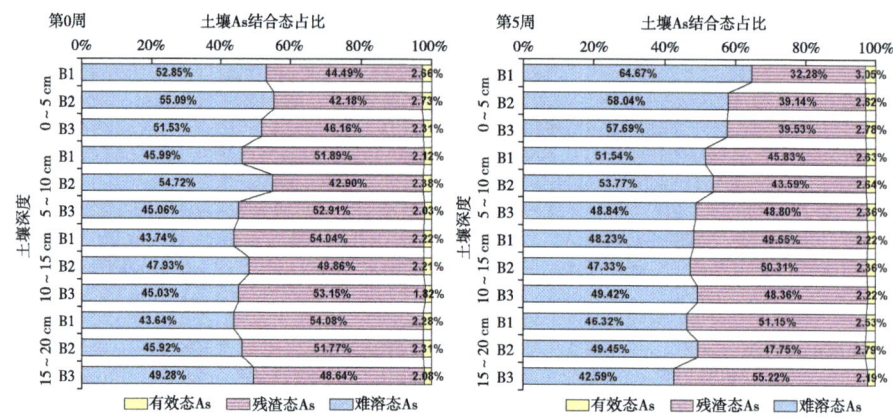

图5-4　B区土壤As结合态占比

二、农田土壤As转化与土壤因子的关系

1. 农田土壤中As转化与土壤八大离子的相关性

（1）A区土壤中As转化与土壤八大离子的相关性。土壤0~5 cm处A区土壤As的结合态与土壤八大离子的相关性见表5-1。

表5-1　A区土壤As的结合态与土壤八大离子的相关性（0~5 cm）

	总As	有效态As	难溶态As	残渣态As
总As	1			
有效态As	0.518*	1		
难溶态As	0.826**	0.585*	1	
残渣态As	0.238	−0.189	−0.35	1
HCO_3^-	0.591**	0.784**	0.798**	−0.413
Cl^-	−0.748**	−0.832**	−0.875**	0.284
SO_4^{2-}	0.658**	0.798**	0.842**	−0.376
K^+	−0.757**	−0.642**	−0.880**	0.264
Na^+	−0.771**	−0.727**	−0.911**	0.301
Ca^{2+}	0.702**	0.772**	0.860**	−0.332
Mg^{2+}	0.446	0.751**	0.721**	−0.522*
TDS	0.514*	0.775**	0.740**	−0.442

注：*表示在0.05水平上显著；**表示在0.01水平上极显著。下同。

由表5-1可知，土壤总As与有效态As和TDS呈显著正相关，与难溶态As、HCO_3^-、SO_4^{2-}、Ca^{2+}呈极显著正相关，与Cl^-、K^+和Na^+呈极显著负相关；有效态As与难溶态As呈显著正相关，与HCO_3^-、SO_4^{2-}、Mg^{2+}和TDS呈极显著正相关，与Cl^-、K^+和Na^+呈极显著负相关；难溶态As与HCO_3^-、SO_4^{2-}、Ca^{2+}、Mg^{2+}和TDS呈极显著正相关，与Cl^-、K^+和Na^+呈极显著负相关。

土壤5~10 cm处A区土壤As的结合态与土壤八大离子的相关性见表5-2。由表5-2可知，土壤总As与有效态As和难溶态As呈极显著正相关，与SO_4^{2-}、Cl^-、K^+、Na^+、Ca^{2+}、Mg^{2+}和TDS值呈极显著负相关；有效态As与难溶态As呈极显著正相关，与HCO_3^-呈显著负相关，与SO_4^{2-}、Cl^-、K^+、Na^+、Ca^{2+}、Mg^{2+}和TDS值呈极显著负相关；难溶态As与残渣态As呈显著负相关，与SO_4^{2-}、Cl^-、K^+、Na^+、Ca^{2+}、Mg^{2+}和TDS呈极显著负相关。

表5-2　A区土壤As的结合态与土壤八大离子的相关性（5~10 cm）

	总As	有效态As	难溶态As	残渣态As
总As	1			
有效态As	0.596**	1		
难溶态As	0.754**	0.679**	1	
残渣态As	0.2	−0.295	−0.490*	1
HCO_3^-	−0.461	−0.551*	−0.278	−0.151
Cl^-	−0.710**	−0.960**	−0.737**	0.217
SO_4^{2-}	−0.734**	−0.932**	−0.742**	0.188
K^+	−0.714**	−0.940**	−0.737**	0.21
Na^+	−0.732**	−0.971**	−0.743**	0.198
Ca^{2+}	−0.689**	−0.848**	−0.613**	0.053
Mg^{2+}	−0.608**	−0.945**	−0.649**	0.227
TDS	−0.740**	−0.967**	−0.742**	0.184

（2）B区土壤中As转化与土壤八大离子的相关性。土壤0~5 cm处B区土壤As的结合态与土壤八大离子的相关性见表5-3。由表5-3可知，土壤总

As与有效态As和HCO_3^-呈显著正相关，与难溶态As和残渣态As呈极显著正相关，与K^+呈显著负相关；有效态As与难溶态As和HCO_3^-呈极显著正相关，与SO_4^{2-}、Cl^-、K^+、Na^+、Ca^{2+}、Mg^{2+}和TDS呈极显著负相关；难溶态As与HCO_3^-呈极显著正相关，与SO_4^{2-}、Cl^-、K^+、Na^+、Ca^{2+}、Mg^{2+}和TDS呈极显著负相关。

表5-3 B区土壤As的结合态与土壤八大离子的相关性（0~5 cm）

	总As	有效态As	难溶态As	残渣态As
总As	1			
有效态As	0.557*	1		
难溶态As	0.702**	0.844**	1	
残渣态As	0.699**	−0.079	−0.019	1
HCO_3^-	0.481*	0.831**	0.911**	−0.241
Cl^-	−0.449	−0.871**	−0.893**	0.271
SO_4^{2-}	−0.44	−0.858**	−0.837**	0.23
K^+	−0.478*	−0.860**	−0.887**	0.225
Na^+	−0.426	−0.879**	−0.862**	0.273
Ca^{2+}	−0.354	−0.650**	−0.634**	0.143
Mg^{2+}	−0.448	−0.849**	−0.893**	0.271
TDS	−0.446	−0.885**	−0.882**	0.264

土壤5~10 cm处B区土壤As的结合态与土壤八大离子的相关性见表5-4。由表5-4可知，土壤总As与有效态As、难溶态As和HCO_3^-呈显著正相关，与残渣态As和K^+呈极显著正相关，与Mg^{2+}呈显著负相关，与SO_4^{2-}、Cl^-、Na^+、Ca^{2+}和TDS呈极显著负相关；有效态As与难溶态As、HCO_3^-和K^+呈极显著正相关，与SO_4^{2-}、Cl^-、Na^+、Ca^{2+}、Mg^{2+}和TDS呈极显著负相关；难溶态As与HCO_3^-和K^+呈极显著正相关，与SO_4^{2-}、Cl^-、Na^+、Ca^{2+}、Mg^{2+}和TDS呈极显著负相关。

表5-4　B区土壤As的结合态与土壤八大离子的相关性（5~10 cm）

	总As	有效态As	难溶态As	残渣态As
总As	1			
有效态As	0.558*	1		
难溶态As	0.559*	0.874**	1	
残渣态As	0.757**	−0.033	−0.117	1
HCO_3^-	0.524*	0.890**	0.728**	0.042
Cl^-	−0.640**	−0.950**	−0.794**	−0.129
SO_4^{2-}	−0.627**	−0.915**	−0.799**	−0.11
K^+	0.631**	0.935**	0.782**	0.127
Na^+	−0.597**	−0.905**	−0.737**	−0.122
Ca^{2+}	−0.696**	−0.880**	−0.754**	−0.229
Mg^{2+}	−0.583*	−0.945**	−0.795**	−0.059
TDS	−0.633**	−0.927**	−0.784**	−0.128

2. 农田土壤中As转化与土壤重金属的相关性

（1）A区土壤中As转化与重金属的相关性。土壤0~5 cm处A区土壤As的结合态与土壤重金属的相关性见表5-5。由表5-5可知，土壤总As与Cu含量呈显著正相关，与Zn含量呈显著负相关，与Fe含量呈极显著负相关；有效态As与Cu含量呈极显著正相关，与Mn含量和Zn含量呈显著负相关，与Fe含量呈极显著负相关；难溶态As与Cu含量呈极显著正相关，与Mn含量呈显著负相关，与Fe含量和Zn含量呈极显著负相关。

表5-5　A区土壤As的结合态与重金属的相关性（0~5 cm）

	总As	有效态As	难溶态As	残渣态As
总As	1			
有效态As	0.518*	1		
难溶态As	0.826**	0.585*	1	

（续表）

	总As	有效态As	难溶态As	残渣态As
残渣态As	0.238	−0.189	−0.35	1
Fe含量	−0.708**	−0.830**	−0.881**	0.361
Mn含量	−0.255	−0.047*	−0.509*	0.465
Cu含量	0.589*	0.649**	0.636**	−0.137
Zn含量	−0.575*	−0.587*	−0.663**	0.197
Si含量	−0.147	0.256	−0.361	0.347

土壤5～10 cm处A区土壤As的结合态与土壤重金属的相关性见表5-6。由表5-6可知，土壤总As与Cu含量呈极显著正相关，与Fe含量和Zn含量呈极显著负相关；有效态As与Cu含量呈极显著正相关，与Fe含量和Zn含量呈极显著负相关；难溶态As与Cu含量呈极显著正相关，与Fe含量和Zn含量呈极显著负相关。

表5-6　A区土壤As的结合态与重金属的相关性（5～10 cm）

	总As	有效态As	难溶态As	残渣态As
总As	1			
有效态As	0.596**	1		
难溶态As	0.754**	0.679**	1	
残渣态As	0.2	−0.295	−0.490*	1
Fe含量	−0.708**	−0.968**	−0.733**	0.216
Mg含量	0.031	−0.168	0.173	−0.181
Cu含量	0.794**	0.829**	0.874**	−0.281
Zn含量	−0.634**	−0.917**	−0.730**	0.304
Si含量	0.206	0.422	0.331	−0.249

（2）B区土壤中As转化与重金属的相关性。土壤0～5 cm处B区土壤As

的结合态与土壤重金属的相关性见表5-7。由表5-7可知，土壤总As与Fe含量呈显著负相关；有效态As与Cu含量呈极显著正相关，与Fe含量、Mn含量和Zn含量呈极显著负相关；难溶态As与Cu含量呈极显著正相关，与Fe含量、Mn含量和Zn含量呈极显著负相关。

表5-7 B区土壤As的结合态与重金属的相关性（0~5 cm）

	总As	有效态As	难溶态As	残渣态As
总As	1			
有效态As	0.557*	1		
难溶态As	0.702**	0.844**	1	
残渣态As	0.699**	-0.079	-0.019	1
Fe含量	-0.505*	-0.896**	-0.904**	0.204
Mn含量	-0.191	-0.719**	-0.716**	0.454
Cu含量	0.456	0.809**	0.857**	-0.223
Zn含量	-0.278	-0.689**	-0.667**	0.286
Si含量	0.018	-0.252	-0.162	0.193

土壤5~10 cm处B区土壤As的结合态与土壤重金属的相关性见表5-8。由表5-8可知，土壤总As与Cu含量呈极显著正相关，与Zn含量呈显著负相关，与Fe含量呈极显著负相关；有效态As与Cu含量呈极显著正相关，与Fe含量和Zn含量呈极显著负相关；难溶态As与Cu含量呈极显著正相关，与Fe含量和Zn含量呈极显著负相关。

表5-8 B区土壤As的结合态与重金属的相关性（5~10 cm）

	总As	有效态As	难溶态As	残渣态As
总As	1			
有效态As	0.558*	1		
难溶态As	0.559*	0.874**	1	
残渣态As	0.757**	-0.033	-0.117	1

（续表）

	总As	有效态As	难溶态As	残渣态As
Fe含量	−0.594**	−0.939**	−0.806**	−0.064
Mg含量	0.381	0.26	0.304	0.221
Cu含量	0.643**	0.837**	0.703**	0.204
Zn含量	−0.479*	−0.883**	−0.695**	−0.011
Si含量	0.304	0.245	−0.067	0.402

3. 农田土壤中As转化与土壤养分的相关性

（1）A区土壤中As转化与土壤养分的相关性。土壤0~5 cm处A区土壤As的结合态与土壤养分含量的相关性见表5-9。

表5-9　A区土壤As的结合态与土壤养分含量的相关性（0~5 cm）

	总As	有效态As	难溶态As	残渣态As
总As	1			
有效态As	0.518*	1		
难溶态As	0.826**	0.585*	1	
残渣态As	0.238	−0.189	−0.35	1
pH值	−0.105	−0.292	−0.263	0.286
电导率	−0.734**	−0.151	−0.765**	0.079
有机质	−0.470*	−0.386	−0.684**	0.394
速效磷	0.436	0.034	0.334	0.16
速效钾	−0.361	0.255	−0.527*	0.272
碱解氮	0.713**	0.094	0.626**	0.123
全磷	0.777**	0.433	0.888**	−0.232
全钾	−0.458	−0.252	−0.641**	0.334
全氮	−0.1	−0.576*	−0.255	0.298

由表5-9可知，土壤总As与碱解氮和全磷呈极显著正相关，与有机质呈

显著负相关，与电导率呈极显著负相关；有效态As与全氮呈显著负相关；难溶态As与碱解氮和全磷呈极显著正相关，与速效钾呈显著负相关，与电导率、有机质和全钾呈极显著负相关。

土壤5～10 cm处A区土壤As的结合态与土壤养分含量的相关性见表5-10。由表5-10可知，土壤总As与全氮呈显著正相关，与速效磷和全钾呈极显著正相关，与电导率呈极显著负相关；有效态As与速效磷呈显著正相关，与全钾呈极显著正相关，与电导率呈显著负相关；难溶态As与速效磷和全钾呈极显著正相关，与电导率呈极显著负相关。

表5-10　A区土壤As转化与土壤养分含量的相关性（5～10 cm）

	总As	有效态As	难溶态As	残渣态As
总As	1			
有效态As	0.596**	1		
难溶态As	0.754**	0.679**	1	
残渣态As	0.2	−0.295	−0.490*	1
pH值	−0.133	0.259	−0.144	−0.013
电导率	−0.801**	−0.540*	−0.786**	0.106
有机质	−0.408	−0.044	−0.265	−0.172
速效磷	0.665**	0.472*	0.657**	−0.097
速效钾	−0.218	0.072	−0.088	−0.18
碱解氮	0.073	−0.213	0.155	−0.092
全磷	0.353	0.058	0.332	−0.001
全钾	0.645**	0.882**	0.727**	−0.28
全氮	0.588*	−0.044	0.373	0.272

（2）B区土壤中As转化与土壤养分的相关性。土壤0～5 cm处B区土壤As的结合态与土壤养分含量的相关性见表5-11。由表5-11可知，土壤总As与全钾呈极显著正相关，与速效钾呈极显著负相关；有效态As与pH值呈显著正相关，与速效磷和全磷呈极显著正相关，与有机质呈显著负相关，与电

导率、速效钾、碱解氮和全氮呈极显著负相关;难溶态As与速效磷、全磷和全钾呈极显著正相关,与有机质呈显著负相关,与电导率、速效钾、碱解氮和全氮呈极显著负相关;残渣态As与全钾呈显著正相关,与pH值和速效磷呈显著负相关。

表5-11 B区土壤As转化与土壤养分含量的相关性(0~5 cm)

	总As	有效态As	难溶态As	残渣态As
总As	1			
有效态As	0.557*	1		
难溶态As	0.702**	0.844**	1	
残渣态As	0.699**	−0.079	−0.019	1
pH值	−0.197	0.551*	0.292	−0.581*
电导率	−0.257	−0.855**	−0.752**	0.402
有机质	−0.101	−0.512*	−0.532*	0.393
速效磷	0.029	0.643**	0.591**	−0.558*
速效钾	−0.594**	−0.646**	−0.721**	−0.107
碱解氮	−0.439	−0.888**	−0.761**	0.158
全磷	0.223	0.793**	0.772**	−0.467
全钾	0.803**	0.413	0.626**	0.500*
全氮	−0.294	−0.849**	−0.664**	0.265

土壤5~10 cm处B区土壤As的结合态与土壤养分含量的相关性见表5-12。由表5-12可知,土壤总As与全钾呈极显著正相关,与pH值、电导率和碱解氮呈显著负相关;有效态As与速效磷、全磷和全钾呈极显著正相关,与有机质呈显著负相关,与电导率和碱解氮呈极显著负相关;难溶态As与速效磷和全钾呈极显著正相关,与有机质呈显著负相关,与电导率、速效钾和碱解氮呈极显著负相关;残渣态As与pH值呈显著负相关。

表5-12 B区土壤As转化与土壤养分含量的相关性（5~10 cm）

	总As	有效态As	难溶态As	残渣态As
总As	1			
有效态As	0.558*	1		
难溶态As	0.559*	0.874**	1	
残渣态As	0.757**	-0.033	-0.117	1
pH值	-0.507*	-0.323	-0.05	-0.556*
电导率	-0.547*	-0.821**	-0.600**	-0.167
有机质	0.024	-0.554*	-0.511*	0.44
速效磷	0.378	0.816**	0.601**	-0.036
速效钾	-0.243	-0.401	-0.601**	0.176
碱解氮	-0.477*	-0.948**	-0.868**	0.123
全磷	0.273	0.654**	0.447	-0.041
全钾	0.705**	0.882**	0.730**	0.258
全氮	-0.219	-0.305	-0.344	0.009

第三节 As在农田土壤中转化的影响因素

一、不同蒸发条件下土壤As的转化特征

土壤中As的危害不仅与其含量大小有关，而且与其在土壤中的有效性和结合形态有关（青长乐 等，1992）。土壤中的As主要以无机态存在，其结合形态主要包括水溶态As（H_2O-As）、交换态As（A-As）、铁型As（Fe-As）、钙型As（Ca-As）、铝型As（Al-As）、残渣态As（O-As）。供试土壤中O-As含量最大，占比为67.74%；其次为Ca-As（24.63%）、

Al-As（4.32%）和Fe-As（2.04%）含量；H_2O-As含量最小，占比为0.46%。

不同蒸发条件下土壤As结合态含量变化见表5-13，灌溉高砷溶液后，3层土壤各结合态As含量以O-As占绝对优势，最高为2.38 $mg·kg^{-1}$，然后依次为Ca-As、Al-As、Fe-As、A-As和H_2O-As，与原土各结合态As含量占比一致。E1（室内组）各结合态As含量与E2（室外组）各结合态As含量之间均无显著差异（$P>0.05$），表明蒸发对土壤中As的结合形态影响较小。

表5-13 不同蒸发条件下土壤As结合态含量变化

土壤深度/cm	处理组	总As含量/($mg·kg^{-1}$)	各结合态As含量/($mg·kg^{-1}$)					
			H_2O-As	A-As	Al-As	Fe-As	Ca-As	O-As
0~10	E1	4.73 a	0.06 a	0.18 a	0.53 a	0.38 a	1.23 a	2.35 a
	E2	4.62 a	0.05 a	0.16 a	0.48 a	0.27 a	1.28 a	2.38 a
10~20	E1	1.70 a	0.02 a	0.03 a	0.07 a	0.05 a	0.42 a	1.11 a
	E2	1.93 a	0.03 a	0.04 a	0.12 a	0.10 a	0.49 a	1.17 a
20~30	E1	1.03 a	0.01 a	0.03 a	0.05 a	0.04 a	0.28 a	0.62 a
	E2	1.10 a	0.01 a	0.04 a	0.08 a	0.05 a	0.25 a	0.66 a

注：不同小写字母表示相同深度E1和E2处理组之间的As形态含量差异显著（$P<0.05$）。

二、不同pH值条件下土壤中As的结合形态变化

不同pH值条件下土壤As结合态含量变化见表5-14，3层土壤中各结合态As含量均表现为O-As>Ca-As>Al-As>Fe-As>A-As>H_2O-As，与原土各结合态As含量占比大小一致。在0~10 cm处，P3（pH值=9.5）的H_2O-As和Fe-As含量均显著高于P1（pH值=7.5）（$P<0.05$）；P3处理组的Ca-As含量显著高于P1处理组（$P<0.05$）；P3处理组的O-As含量显著低于P1和P2处理组（$P<0.05$）。

表5-14　不同pH值条件下土壤As结合态含量变化

土壤深度/cm	处理组	总As含量	各结合态As含量/(mg·kg^{-1})					
			H$_2$O-As	A-As	Al-As	Fe-As	Ca-As	O-As
0~10	P1	4.57 a	0.05 b	0.11 a	0.45 a	0.21 b	1.01 b	2.74 a
	P2	4.71 a	0.06 ab	0.13 a	0.37 b	0.23 b	1.17 a	2.75 a
	P3	4.74 a	0.09 a	0.14 a	0.37 b	0.27 a	1.23 a	2.65 b
10~20	P1	1.77 a	0.02 a	0.03 a	0.11 a	0.05 b	0.35 b	1.23 a
	P2	1.78 a	0.03 a	0.03 a	0.13 a	0.09 ab	0.38 ab	1.13 b
	P3	1.86 a	0.03 a	0.04 a	0.13 a	0.12 a	0.41 a	1.14 b
20~30	P1	1.12 a	0.01 a	0.01 a	0.08 a	0.05 a	0.23 b	0.73 a
	P2	1.07 a	0.01 a	0.02 a	0.09 a	0.05 a	0.29 a	0.61 b
	P3	1.05 a	0.01 a	0.02 a	0.09 a	0.06 a	0.27 ab	0.60 b

注：不同小写字母表示相同深度不同处理之间的As含量差异显著（$P<0.05$）。

根据生物可利用的难易程度，将土壤中的6种结合态As进一步分为有效态As（H$_2$O-As、A-As）、难溶态As（Al-As、Fe-As、Ca-As）和残渣态As（O-As）3种主要结合形态。

不同pH值条件下土壤As结合态占比见图5-5。由图5-5可知，在0~10 cm处有效态As占比大小依次为P3（4.76%）>P2（3.97%）>P1（3.51%），P3（pH值=9.5）有效态As占比分别比P1（pH值=7.5）和P2（pH值=8.5）的有效态As占比增加了1.25%和0.79%；难溶态As占比大小依次为P3（39.36%）>P2（37.57%）>P1（36.51%），P3处理组难溶态As占比分别比P1和P2处理组增加了2.85%和1.79%；P3处理组的残渣态As占比分别比P1和P2处理组减少了4.10%和2.58%。在10~20 cm和20~30 cm处，有效态As和难溶态As占比也均表现为P3>P2>P1，残渣态As表现为P1>P2>P3。表明pH值对土壤中As的结合形态变化有一定影响，pH值=9.5高砷水灌溉后，土壤中的As比P1和P2处理组更易形成有效态As和难溶态As。

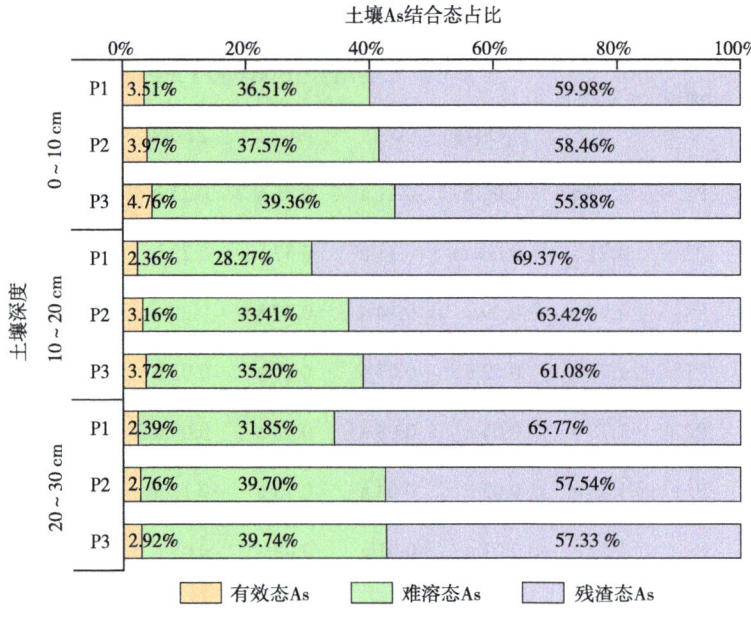

图5-5 不同pH值条件下土壤As结合态占比

三、不同盐分条件下土壤中As的结合形态变化

不同盐分条件下土壤As结合态含量变化见表5-15，3层土壤中各结合态As含量的大小顺序为O-As>Ca-As>Al-As>Fe-As>A-As>H_2O-As，与原土各结合态As含量占比一致。在0~10 cm处，T3（咸水）的A-As、Al-As和Fe-As含量显著高于T1（淡水）（$P<0.05$）；T3处理组的Ca-As含量显著高于T1和T2处理组（$P<0.05$）；T3处理组的O-As含量显著低于T2处理组（$P<0.05$）。

表5-15 不同盐分条件下土壤As结合态含量变化

土壤深度/cm	处理组	总As含量	各结合态As含量/(mg·kg^{-1})					
			H_2O-As	A-As	Al-As	Fe-As	Ca-As	O-As
0~10	T1	4.23 a	0.05 a	0.08 b	0.37 b	0.16 b	0.96 b	2.62 a
	T2	4.39 a	0.06 a	0.10 ab	0.41 ab	0.25 a	1.01 b	2.55 b
	T3	4.62 a	0.07 a	0.13 a	0.44 a	0.23 a	1.15 a	2.60 a

（续表）

土壤深度/cm	处理组	总As含量	各结合态As含量/(mg·kg^{-1})					
			H$_2$O-As	A-As	Al-As	Fe-As	Ca-As	O-As
10~20	T1	1.72 a	0.02 a	0.02 a	0.14 a	0.07 a	0.39 b	1.07 a
	T2	1.71 a	0.02 a	0.03 a	0.08 b	0.04 a	0.50 a	1.04 a
	T3	1.83 a	0.02 a	0.03 a	0.12 a	0.04 a	0.55 a	1.07 a
20~30	T1	1.04 a	0.01 a	0.01 a	0.06 a	0.04 a	0.31 a	0.60 a
	T2	1.04 a	0.01 a	0.02 a	0.08 a	0.06 a	0.29 a	0.58 a
	T3	1.02 a	0.01 a	0.01 a	0.08 a	0.07 a	0.30 a	0.54 a

注：不同小写字母表示相同深度T1、T2和T3处理组之间的As形态含量差异显著（$P<0.05$）。

不同盐分条件下土壤As结合态占比见图5-6。由图5-6可知，在0~10 cm处有效态As占比大小依次为T3（4.37%）>T2（3.70%）>T1（3.06%），T3（咸水）的有效态As占比分别比T1（淡水）和T2（微咸水）的有效态As占比增加了1.31%和0.67%；难溶态As占比大小依次为T3（39.49%）>T2（38.10%）>T1（35.17%），T3处理组难溶态As占比涨幅最大，分别比T1和T2处理组增加了4.32%和1.39%；T3处理组的残渣态As占

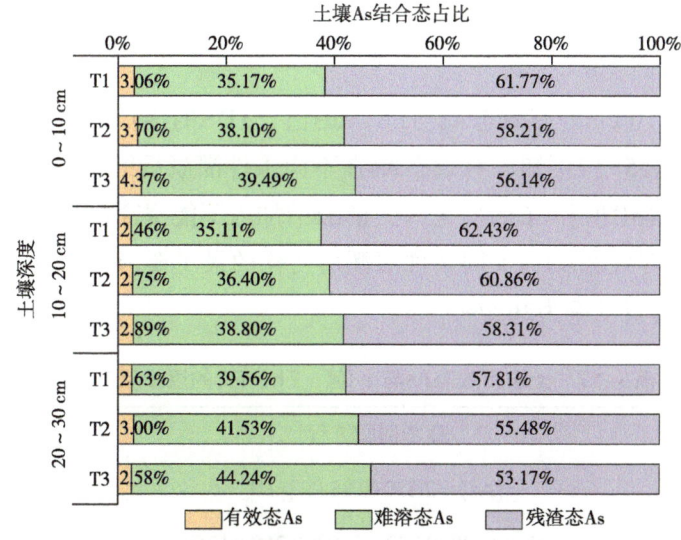

图5-6 不同盐分条件下土壤As结合态占比

比分别比T1和T2处理组减少了5.63%和2.07%。在10~20 cm处，有效态As和难溶态As占比也均表现为T3>T2>T1，残渣态As表现为T1>T2>T3。表明盐分对土壤中As形态的变化有一定影响，高砷咸水灌溉后，土壤中的As比T1和T2处理组更易形成有效态As和难溶态As。

四、土壤As的结合态与土壤因子的关系

土壤0~10 cm处结合态As与pH值、Eh、EC的相关性见表5-16。由表5-16可知，土壤有效态As与pH值呈显著正相关，与Eh呈显著负相关；土壤难溶态As与EC呈显著正相关，与Eh呈极显著负相关。

表5-16 土壤结合态As与pH值、Eh、EC的相关性

	总As	有效态As	难溶态As	残渣态As	pH值	EC	Eh
总As	1	0.884**	0.774*	−0.098	0.577	0.491	−0.520
有效态As		1	0.926**	−0.477	0.814*	0.627	−0.765*
难溶态As			1	−0.704	0.671	0.756*	−0.879**
残渣态As				1	−0.436	−0.627	0.796*
pH值					1	0.229	−0.738*
EC						1	−0.506
Eh							1

注：*表示在0.05水平显著相关；**表示在0.01水平显著相关。

土壤0~10 cm处有效态As与Eh、pH值、TDS的逐步回归分析结果见表5-17，通过表5-17可知，有效态As在不同条件灌溉后的土壤中86.8%的变化量来自土壤pH值和EC的变化，变量Eh的加入不能提高模型的拟合效果。pH值是影响有效态As在不同条件灌溉后变化的最主要因素，贡献率达到了66.3%；EC的贡献率为20.5%。

表5-17 土壤有效态As与pH值、Eh、EC的逐步回归结果

	逐步回归方程	R^2
（1）	[As]=−2.850+0.388×[pH]	0.663（$P<0.05$）
（2）	[As]=−2.929+0.337×[pH]+0.260×[EC]	0.868（$P<0.05$）

第四节 讨 论

有研究表明，As（Ⅴ）与As（Ⅲ）相互转化的临界Eh的大致范围在106~220 mV（陈同斌，1996）。还有研究表明当土壤Eh<100 mV时，As（Ⅴ）就有可能转化成As（Ⅲ）（邹邦基，1986）。土壤本身的pH值偏碱性时，含有的还原性物质较少，使其即使淹水也不能达到强还原状态（和秋红，2009）。本研究盆栽模拟试验研究了不同蒸发条件下As（Ⅴ）进入土壤后的日变化，发现在E1（室内组）和E2（室外组）两种不同蒸发条件下As（Ⅴ）的价态均未发生改变，在连续灌溉后的第21天的土壤溶液中也未检测到As（Ⅲ）。盆栽试验室内组（E1）的Eh值范围在100.1~160.6 mV，室外组（E2）的Eh值范围在128.2~207.3 mV，不属于强还原条件。因此室内、室外的不同蒸发条件，虽然引起Eh的变化，但不会导致As（Ⅴ）向As（Ⅲ）发生转化，说明在75%田间持水量的土壤环境中，As（Ⅴ）达不到向As（Ⅲ）转化的条件。

盆栽试验研究发现，向土壤中灌溉As溶液会导致5 cm处土壤总As含量显著增加，而15 cm和25 cm的土壤总As含量与空白组（CK）土壤相比均无显著差异，这与前文研究土壤溶液和离子膜上的As含量均在10 cm内出现最大值的结果相符。此外，Langmuir方程计算出反应温度在35℃下，土壤对10 mg/L As（Ⅴ）的最大吸附量为80.10 mg·kg^{-1}，当灌溉输入的As含量超过该土层所能吸附的最大理论As（Ⅴ）量后，As将向下迁移。

土壤中As的危害不仅与其含量大小有关，而且与其在土壤中的有效性和结合形态有关。当As进入土壤环境中后，能够与土壤内部成分发生吸附、沉淀以及氧化还原等系列物理化学反应，从而导致As存在形态的变化（Darmawan and wada，1999；胡世文 等，2022）。H$_2$O-As和A-As的生物有效性较高，易被植物吸收；Al-As、Fe-As和Ca-As在不受外界干扰或外界扰动较小的情况下，在土壤中相对稳定，但当土壤环境发生改变时，就会从土壤中转化为H$_2$O-As和A-As释放出来进而进入植物中（杨晓伟，2013），而不同形态As的溶解度顺序为Ca$_3$（AsO$_4$）$_2$>AlAsO$_4$>FeAsO$_4$（中国科学院南京土壤研究所环保室，1977），且Ca-As和Fe-As对生物的毒性仅次于易溶性As（常思敏 等，2005）。本研究盆栽试验发现，各试验组土壤中结合态As含量大小均为O-As>Ca-As>Al-As>Fe-As>A-As>H_2O-As。供试土壤H_2O-As和A-As含量虽然低，但其生物有效性较高，因此对奎屯农田土壤和植物的危害性较大；Ca-As、Fe-As和Al-As等难溶性As的占比仅次于残渣态As，且Ca-As>Al-As>Fe-As。这与奎屯盐碱农田中的研究结果相一致。盐碱农田各区域内土壤中以O-As和Ca-As为主，灌溉5周后，Ca-As、Fe-As和H_2O-As的含量显著增加，O-As相应减少。H_2O-As生物有效性较高，因此对农田土壤和植物的危害性较大，Ca-As和Fe-As等难溶性As的占比较高，且Ca-As>Fe-As，这说明在该碱性土壤中以Ca-As占优势。

土壤中有效态As占比很低，如美国土壤有效态As占总As的5%～10%，日本土壤有效态As占比不到5%（胡留杰，2008）。有研究表明外源As进入土壤后，其转化成有效态的比例一般在10%以下，最低仅为0.1%，平均为4%（谢正苗和黄昌勇，1988）。本研究中发现，盆栽试验土壤有效态As占比最小，不超过5%；其次为难溶态As，不超过40%；残渣态As占比最大。而在奎屯盐碱农田土壤中有效态As占比最小，不超过4%；其次为残渣态As，不超过50%；难溶态As占比最大。因此，研究土壤中As的环境容量及毒性，不但要研究土壤总As含量，而且还须研究不同土壤条件下As的价态、结合形态以及其变化。

Honma等（2016）研究结果表明，pH值与土壤中As的移动性具有显著正相关。还有研究表明浸泡酸雨溶液的pH值越小，其土壤中稳定性砷的形态含量就越多，危害更小（陈培培，2015）。pH值是影响土壤中As吸附的主要因素，在一定的pH值范围内（pH值>5），随着pH值升高，土壤胶体上的正电荷会减少，吸附As的能力相应也会降低，从而使土壤中有效态As的含量随之增加（焦常锋 等，2020）。盆栽试验结果表明，0～10 cm的土壤有效态As与pH值呈显著正相关，pH值是影响有效态As在不同条件灌溉后变化的最主要因素，贡献率达到了66.3%。

氧化铁和氧化锰是土壤氧化物中最活跃的成分，土壤中铁锰氧化物由于具有较大的比表面积和较强的表面化学活性而对重金属产生强大的吸附和固定作用，从而影响As的迁移和转化，显著增加土壤残渣态As含量，降低As的迁移能力和生物有效性（王祎 等，2023）。在低有机质土壤环境中，As更容易释放而成为有效态As，增加了As向下层土壤中迁移的风险。也有研究表明在长期施用有机肥的水稻土壤中As活性有所提高（严露 等，2020），向土壤中添加有机质可能引起土壤As从结合态向可溶态转化。pH值是影响土壤中As吸附的主要因素，在一定的pH值范围内，随着pH值升高，土壤胶体上的正电荷会减少，吸附As的能力相应也会降低，从而使得土壤中有效态As的含量随之增加（Zang et al.，2021）。在奎屯盐碱农田中，B区5～10 cm的土壤有效态As与pH值呈负相关关系。

第六章　地下水影响下农田土壤砷的累积特征及风险评价

第一节　材料与方法

一、样品采集与预处理

本章研究的土壤样本采自奎屯河下游50个样点，采样方法同第二章。

采样的同时记录好种植作物及每个样点的灌溉方式（井灌或混灌）。样品采集前，打开泵让水充分清洗井孔，水流清澈后，清洗塑料瓶3次，再进行水样的采集。现场测定水样的pH值和Eh，每个样点采集2瓶水样，其中一瓶用优级纯的浓硝酸酸化至pH值<2，用于阳离子的测定，另一瓶不作处理，用于阴离子的测定。采用五点取样法对土壤进行样品采集，土样混合均匀后用四分法保留约3 kg，样品经自然风干后去除植物残茬、石块等，研磨过筛，保存备用。

二、样品测定

1. 测定指标

（1）水样的测定。所有水样测定总As和水化学指标（pH值、Eh、Na^+、K^+、Ca^{2+}、Mg^{2+}、SO_4^{2-}、CO_3^{2-}、HCO_3^-、Cl^-）。根据水井的分布位点及As浓度的不同，选择30组水样测定As（Ⅲ）、As（Ⅴ）。

（2）土样的测定。土样测定总As、Fe、Mn、Cu、Zn；As的各结合形态［水溶态As（H_2O-As）、交换态As（A-As）、铁型As（Fe-As）、钙型As（Ca-As）、铝型As（Al-As）和残渣态As（O-As）］；土壤基本理化性质［pH值、有机质（SOM）、速效钾（AK）、速效磷（AP）、碱解氮（AN）］。

2. 测定方法

（1）水化学指标。pH值和Eh采用氧化还原电位仪（QX6530型）测定；HCO_3^-和CO_3^{2-}采用双指示剂—中和滴定法测定；SO_4^{2-}采用EDTA间接络合滴定法测定；Cl^-采用硝酸银滴定法测定；Na^+和K^+的测定采用火焰光度法；Ca^{2+}和Mg^{2+}的测定采用EDTA滴定法。

（2）土壤基本理化性质。本章土壤基本理化性质、土壤重金属及土壤中不同结合态As的测量方法详见第二章。

三、空间分析方法

1. 克里金插值法

克里金插值法（Kriging）实质上是利用区域化变量的原始数据以及变异函数的结构特点去估计无数据区域的变量值，该方法能最大限度地利用样点信息来确定未知样点的估计值，而且还能利用各邻近样点间的位置关系做出线性无偏的最小方差估计，使评价结果更精确和更符合实际（陈文轩 等，2020）。克里金插值方法有多种，包括普通克里金（Ordinary kriging）、泛克里金（Universal kriging）、简单克里金（Simple kriging）、指示克里金（Indicator kriging）、协同克里金（Co-kriging）等（李俊晓 等，2013），本文采用普通克里金法分析研究区地下水和农田土壤中As的空间分布特征。

2. 标准差椭圆法

标准差椭圆法（Standard deviational ellipse，SDE）是定量分析要素空间分布整体特征及时空演变过程的空间统计方法，最早由Lefever在1926年提出。其广泛地应用于经济学、地理学和环境学等领域。该模型拟合产生的椭圆圆心、面积以及旋转角度等参数可以表征地理要素空间分布的重心位置、分布范围以及趋势方向等，在SDE方法中，椭圆长轴越长，表明地理要素方向性越强，短轴越长，表明地理要素离散化程度越高。因此，SDE方法较好地从中心性、方向性和离散化等方面揭示了地理要素的空间分布特征。其各参数的计算公式如下（赵璐和赵作权，2014）。

$$\overline{X_\omega} = \frac{\sum_{i=1}^n \omega_i x_i}{\sum_{i=1}^n \omega_i}$$

$$\overline{Y_\omega} = \frac{\sum_{i=1}^n \omega_i y_i}{\sum_{i=1}^n \omega_i}$$

$$\tan\theta = \frac{(\sum_{i=1}^n \omega_i^2 \tilde{x}_i^2 - \sum_{i=1}^n \omega_i^2 \tilde{y}_i^2) + \sqrt{(\sum_{i=1}^n \omega_i^2 \tilde{x}_i^2 - \sum_{i=1}^n \omega_i^2 \tilde{y}_i^2)^2 + 4\sum_{i=1}^n \omega_i^2 \tilde{x}_i^2 \tilde{y}_i^2}}{2\sum_{i=1}^n \omega_i^2 \tilde{x}_i \tilde{y}_i}$$

$$\sigma_x = \sqrt{\frac{\sum_{i=1}^n (\omega_i \tilde{x}_i \cos\theta - \omega_i \tilde{y}_i \sin\theta)^2}{\sum_{i=1}^n \omega_i^2}}$$

$$\sigma_y = \sqrt{\frac{\sum_{i=1}^n (\omega_i \tilde{x}_i \sin\theta - \omega_i \tilde{y}_i \cos\theta)^2}{\sum_{i=1}^n \omega_i^2}}$$

式中，(x_i, y_i)表示研究对象的空间区位，w_i表示权重，$(\overline{X_\omega}, \overline{Y_\omega})$表示加权平均中心；$\theta$为椭圆方位角，表示正北方向顺时针旋转到椭圆长轴所形成的夹角；$\tilde{x}_i$、$\tilde{y}_i$分别表示各研究对象区位到平均中心的坐标偏差；σ_x、σ_y分别表示沿x轴和y轴的标准差。

四、As污染评价方法

本研究采用单因子污染指数法、地累积指数法、潜在生态风险指数法、健康风险评价4种评价方法。

五、数据处理

采用Excel统计试验数据，SPSS 25进行数据分析，ArcGIS 10.2绘制空间分布图及标准差椭圆模型的拟合，Origin 2021绘制散点图、箱线图及相关性热图。

第二节　奎屯河下游区域地下水和农田土壤As的空间分布关系

研究区地下水和农田土壤As的空间分布如图6-1所示。由图6-1a可知，研究区东部及北部的地下水As浓度较低，中部及西南方向的地下水As浓度较高；由图6-1b可知，0~10 cm土层中，研究区东部及西北方向As含量较低，高值区主要集中分布于西部及中偏东北方向；由图6-1c可知，10~20 cm土层中，As在研究区东部含量最低，西部含量最高，As的分布整体呈现出由东向西方向增加的趋势。地下水和土壤中As在整体水平上具有相似的空间分布特征，分布关系密切，但在研究区的中偏东北方向，地下水As浓度较低，而0~10 cm土层中As含量较高，二者在空间分布上存在局部差异。

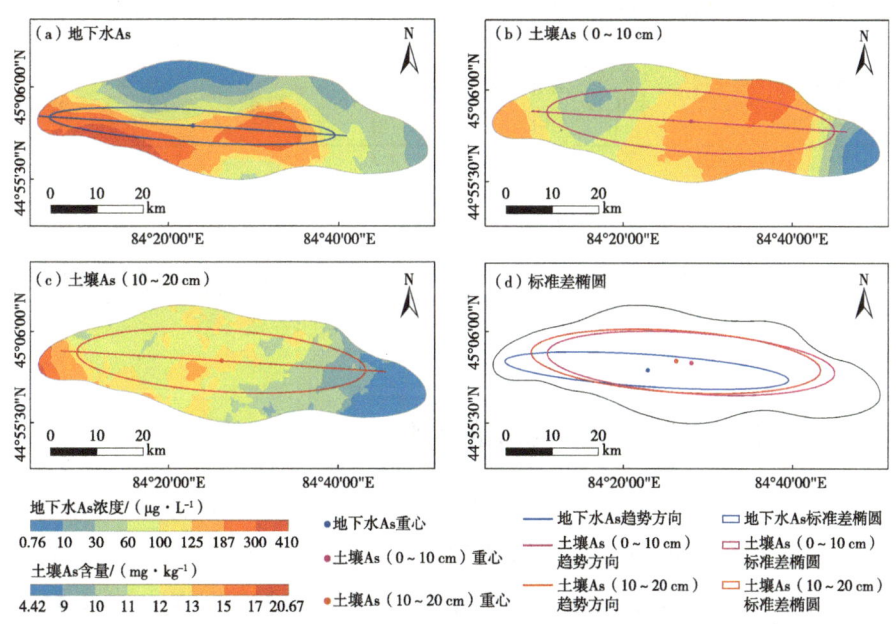

图6-1　地下水和农田土壤As的空间分布和标准差椭圆

借助标准差椭圆模型进一步分析地下水和农田土壤As的整体空间分布特征，标准差椭圆模型拟合图形见图6-1d，拟合参数见表6-1。标准差椭圆的分布特征一方面与采样点的布设有关，另一方面与采样点属性值有关（董

立宽 等，2018），而本研究中地下水、土壤采样点相同，因此标准差椭圆误差主要由采样点属性值导致。地下水As的标准差椭圆短轴与长轴之比为0.15，两层土壤As的标准差椭圆短轴与长轴之比均为0.29，地下水As的分布比土壤As的分布方向性更强。两层土壤As分布的方位角分别为95.48°、95.00°，与地下水As分布的方位角94.98°相差较小，表明地下水和土壤中的As整体空间效应关系密切，与克里金插值法所得到的空间分布特征一致性较高，地下水As对土壤As的累积具有一定的影响。

表6-1 地下水和农田土壤As的标准差椭圆参数

特征椭圆	周长/km	面积/km^2	重心坐标	短半轴/km	长半轴/km	短长轴之比	方位角/(°)
地下水As	90.93	234.56	(84°22′52″, 45°01′33″)	3.39	22.02	0.15	94.98
土壤As（0~10 cm）	97.35	450.82	(84°28′03″, 45°02′22″)	6.43	22.32	0.29	95.48
土壤As（10~20 cm）	97.87	458.39	(84°26′17″, 45°02′35″)	6.51	22.42	0.29	95.00

第三节 不同灌溉方式对农田土壤As累积的影响

一、井灌对农田土壤As累积的影响

地下水As浓度与农田土壤As含量的相关性分析结果如图6-2a、图6-2b所示。地下水As浓度与0~10 cm土层中As含量呈显著正相关（$r=0.396$，$P=0.050$），与10~20 cm土层中As含量亦呈显著正相关（$r=0.459$，$P<0.05$），随着地下水As浓度的增加，农田土壤As含量有上升的趋势。

以我国《农田灌溉水质标准》（GB 5084—2021）As的限值100 μg·L^{-1}为分界线，将研究区井灌地下水As浓度分为两个等级，分析其对土壤As含量的影响，结果如图6-2c、图6-2d所示。当地下水$\rho_{(As)} \leq 100$ μg·L^{-1}时，0~10 cm土层中As含量为6.67~15.38 mg·kg^{-1}，均值为9.53 mg·kg^{-1}，

10~20 cm土层中As含量为4.42~11.96 mg·kg^{-1}，均值为7.95 mg·kg^{-1}；当地下水$\rho_{(As)}$>100 μg·L^{-1}时，0~10 cm土层中As含量为9.37~20.67 mg·kg^{-1}，均值为13.84 mg·kg^{-1}，10~20 cm土层中As含量为7.92~18.49 mg·kg^{-1}，均值为13.30 mg·kg^{-1}。地下水$\rho_{(As)}$>100 μg·L^{-1}时，0~10 cm和10~20 cm土层中As含量均极显著高于$\rho_{(As)}$≤100 μg·L^{-1}的地下水所灌溉的土壤As含量。

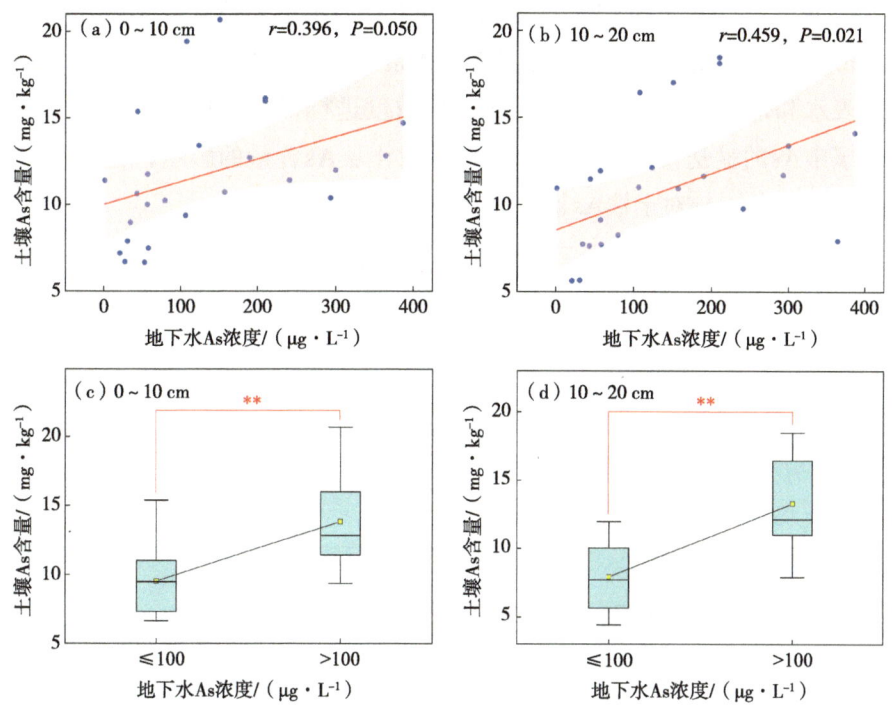

图6-2 地下水As浓度与农田土壤As含量的关系

注：**表示在0.01水平上极显著差异。

二、井灌和混灌下土壤As含量差异

该地区利用地下水进行农灌时，除直接灌溉地下水外，还会将地下水和地表水在渠道内混合后灌溉，混合比例较随机。本次采样中，有20个点位的地下水井As浓度大于我国《农田灌溉水质标准》（GB 5084—2021）As的限值100 μg·L^{-1}，其中有13个点位的地下水直接用于灌溉，地下水As浓度为106.61~386.71 μg·L^{-1}，平均值为218.70 μg·L^{-1}，7个点位的地下水和地表水在渠道内混合后灌溉，混灌前地下水As浓度为150.68~410.00 μg·L^{-1}，平均值为265.45 μg·L^{-1}，混灌前地下水As浓度大于井灌地下水As浓度。

井灌和混灌对土壤As含量的影响如图6-3所示。井灌条件下，0~10 cm和10~20 cm土层As含量分别为9.37~20.67 mg·kg^{-1}、7.92~18.49 mg·kg^{-1}，平均值分别为13.84 mg·kg^{-1}、13.30 mg·kg^{-1}；混灌条件下，两层土层As含量分别为9.73~16.32 mg·kg^{-1}、8.75~16.96 mg·kg^{-1}，平均值分别为12.69 mg·kg^{-1}、11.76 mg·kg^{-1}，混灌条件下农田土壤As含量要小于井灌条件下农田土壤As含量，可能是由于地表水As浓度较低（7.07~8.57 μg·L^{-1}），将地表水和地下水混合，会对地下水As浓度进行稀释，从而减少了灌溉水向土壤中As的输送量。通过井灌和混灌对土壤As含量的影响，也进一步证明了灌溉水中的As对土壤As累积具有一定的影响。

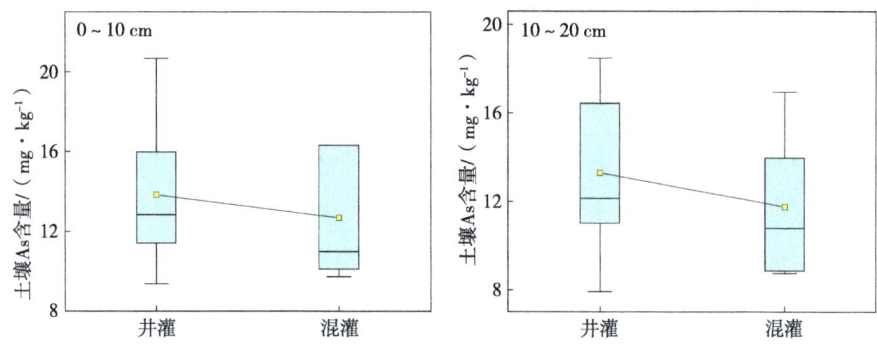

图6-3　不同灌溉方式下As在土壤中的含量

第四节　奎屯河下游区域地下水和农田土壤As的风险评价

一、单因子污染指数法

以《农田灌溉水质标准》（GB 5084—2021）旱地作物灌溉限值作为标准对研究区地下水中的As进行评价（S_i取100 μg·L^{-1}），结果如表6-2所示。由表6-2可知，研究区地下水As的单因子污染指数P_i范围为0.01~4.10。未污染的地下水样点有30个，占比60%；有40%的地下水样点存在不同程度的

As污染，其中，轻度污染的地下水样点有9个，占比18%；中度污染的地下水样点有6个，占比12%；重度污染的地下水样点有5个，占比10%。

地下水As的单因子污染指数空间分布如图6-4所示。由图6-4可知，未被As污染的地下水占比最高，主要分布于研究区的东部和北部，轻度、中度及重度污染的地下水分布于研究区的中部和西部。在As浓度较高的地下水中，B2、B28为重度污染，B1、B3、B4、B8、B25为中度污染，B5、B6、B9、B10、B26、B27为轻度污染，以上位点均为井灌，这些位点所灌溉的农田土壤As含量也相对较高。重度污染的位点（B11、B24、B33）中度污染的位点B32以及轻度污染的位点（B20、B30、B31）为混灌，能够在一定程度上减少土壤中As的累积。

表6-2　地下水As的单因子污染指数评价结果统计

评价标准	污染等级	样点数/个	百分比/%	P_i范围	P_i均值
100 μg·L^{-1}	$P_i \leq 1$，未污染	30	60	0.01~0.86	0.37
	$1<P_i \leq 2$，轻度污染	9	18	1.07~1.98	1.53
	$2<P_i \leq 3$，中度污染	6	12	2.10~3.00	2.46
	$P_i>3$，重度污染	5	10	3.41~4.10	3.69

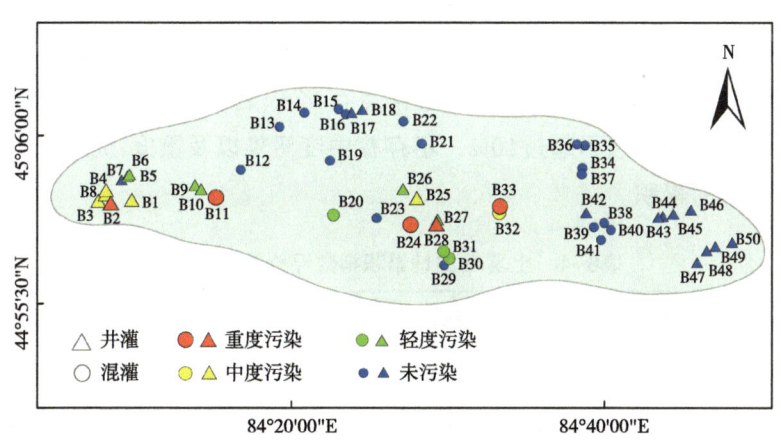

图6-4　地下水As的单因子污染指数空间分布

以《土壤环境质量　农用地土壤污染风险管控标准（试行）》（GB 15618—2018）列出的农用地土壤污染风险筛选值作为标准（6.5<pH

值≤7.5，S_i取30 mg·kg^{-1}；pH值>7.5，S_i取25 mg·kg^{-1}），使用单因子污染指数法对研究区农田土壤As进行评价，结果如表6-3所示。由表6-3可知，两层土壤As的单因子污染指数P_i分别为0.25~0.83、0.18~0.74，P_i≤1，土壤未被As污染，但是在两层土壤中，分别有4个和2个点位的污染指数不低于0.7，污染指数相对较高，不能忽视其潜在风险。

表6-3　土壤As的单因子污染指数评价结果统计

土层/cm	污染等级	样点数/个	百分比/%	P_i范围	P_i均值
0~10	P_i≤1，未污染	50	100	0.25~0.83	0.47
10~20	P_i≤1，未污染	50	100	0.18~0.74	0.43

二、地累积指数法

地累积指数评价综合考虑了背景值以及自然成岩作用对背景值的影响，更能反映土壤的人为污染程度。选取新疆土壤As元素背景值作为评价标准，以地累积指数评价研究区农田土壤As的污染程度，结果如表6-4所示。由表6-4可知，0~10 cm土层中，As的地累积污染指数I_{geo}范围为-1.33~0.30，无污染（I_{geo}≤0）的土壤样点有45个，占比90%，轻度污染（0<I_{geo}≤1）的土壤样点有5个，占比10%；10~20 cm土层中，As的地累积污染指数范围为-1.93~0.14，无污染（I_{geo}≤0）的土壤样点有46个，占比92%，轻度污染（0<I_{geo}≤1）的土壤样点有4个，占比8%。整体来看，该地区As轻度污染的样点不超过10%，不存在中度污染以及重度污染，土壤中的As存在一定的累积。

表6-4　土壤As的地累积指数评价结果统计

土层/cm	污染等级	样点数/个	百分比/%	I_{geo}范围	I_{geo}均值
0~10	I_{geo}≤0，无污染	45	90	-1.33~-0.10	-0.56
	0<I_{geo}≤1，轻度污染	5	10	0.02~0.30	0.15
10~20	I_{geo}≤0，无污染	46	92	-1.93~-0.03	-0.75
	0<I_{geo}≤1，轻度污染	4	8	0.01~0.14	0.07

三、潜在生态风险指数法

运用Hakanson潜在生态风险指数法对研究区农田土壤中的As进行潜在风险评估（评价标准为新疆土壤As元素背景值），结果如表6-5所示。由表6-5可知，两层土壤As的潜在风险参数E_i范围分别为5.95~18.46、3.95~16.51，$E_i \leq 40$，均属于低潜在生态风险，说明研究区土壤中的As对生态环境造成的潜在危害较低，一般情况下可以忽略。

表6-5　土壤As的潜在风险评价结果统计

土层/cm	E_i统计参数		
	最小值	最大值	平均值
0~10	5.95	18.46	11.12
10~20	3.95	16.51	9.80

四、健康风险评价法

健康风险评价通过将污染物对人体健康的危害程度定量化，从而评估环境的安全性。不同暴露途径下，研究区土壤As对成人和儿童的致癌风险指数（CR）如表6-6所示。由表6-6可知，研究区土壤As的致癌风险指数低于10^{-4}，对儿童和成人均未产生不可接受的致癌风险。土壤As在3种暴露途径下平均致癌风险指数大小依次为手—口摄入、皮肤接触、呼吸吸入，手—口摄入途径的平均致癌风险指数比皮肤接触及呼吸途径大2个数量级，经手—口摄入为该研究区土壤中As最主要的致癌风险暴露途径。

土壤As对不同人群的致癌风险指数大小表现为儿童>成人，儿童通过手—口摄入、皮肤接触途径产生的平均致癌风险指数均高于成人，而成人通过呼吸途径产生的平均致癌风险指数高于儿童。

表6-6　地下水和土壤As的致癌风险指数

人群		手—口	皮肤	呼吸	$CR_{土壤}$
成人	最小值	5.29E-06	5.15E-08	7.84E-09	5.35E-06
	最大值	1.64E-05	1.60E-07	2.43E-08	1.66E-05
	平均值	9.89E-06	9.63E-08	1.46E-08	1.00E-05

（续表）

人群		手—口	皮肤	呼吸	CR$_{土壤}$
儿童	最小值	1.03E-05	7.06E-08	2.93E-09	1.04E-05
	最大值	3.21E-05	2.19E-07	9.08E-09	3.23E-05
	平均值	1.93E-05	1.32E-07	5.47E-09	1.94E-05

注：CR为致癌风险，CR$_{土壤}$为通过3种接触途径后计算的土壤致癌风险。

致癌风险指数分类如图6-5所示。由图6-5可知，儿童和成人经手—口摄入的致癌风险为可接受，皮肤接触和呼吸吸入造成的致癌风险可忽略。虽然土壤对儿童和成人均未造成不可接受的致癌风险，但是对于成人，有44%的位点致癌风险指数介于10^{-5}和10^{-4}之间；对于儿童，致癌风险指数介于10^{-5}和10^{-4}之间的位点为100%，不可忽略其所带来的致癌风险。

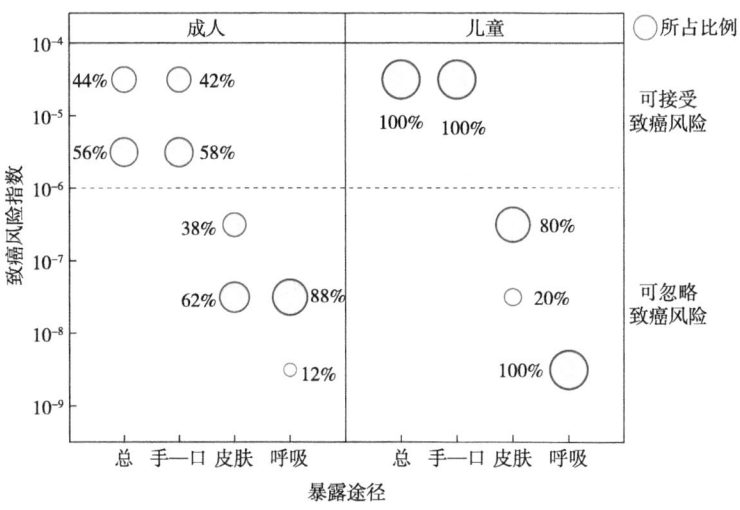

图6-5 致癌风险指数分类

第五节 讨 论

高砷地下水的灌溉使土壤中As累积，研究区地下水As浓度与0~10 cm（$r=0.396$，$P=0.05$）和10~20 cm（$r=0.459$，$P<0.05$）土层As含量均呈显

著正相关，与前人研究结果相符（Shrivastava et al., 2014；Huang et al., 2016），并且As>100 μg·L^{-1}的地下水所灌溉的土壤As含量极显著高于As≤100 μg·L^{-1}的地下水所灌溉的土壤As含量。高砷水灌溉对农田土壤As的累积是一个长期的过程，研究区土壤中As含量低于我国《土壤环境质量 农用地土壤污染风险管控标准（试行）》（GB 15618—2018）列出的农用地土壤污染风险筛选值。但是在一些国家，由于持续使用高砷地下水进行灌溉，农业土壤已受到As的高度污染（Gillispie et al., 2015）。更有学者表明，灌溉水As的输入主要影响上表层土壤（Saha and Ali, 2007；严怡君 等，2017）。李晶（2016）通过淋溶试验探究As在新疆奎屯农田土壤中的累积特点发现，淋溶结束后As含量随土壤深度的增加呈下降趋势。本研究中，长期灌溉高砷地下水，土壤As含量大小同样表现为0~10 cm>10~20 cm。As进入土壤后，一小部分留在土壤溶液中，一部分吸附在土壤胶体上，大部分转化成复杂难溶的As化物（谢正苗，1989），高砷水灌溉农田土壤后，As被快速吸附固定，难以继续向下迁移。此外，研究区多采用滴灌系统进行农业灌溉，土壤在非淹水条件下会形成较弱的还原环境，仅有少数As再活化，其余的As仍在土壤表层累积（Farooq et al., 2019）。

本研究中，地下水和土壤中As在整体水平上具有相似的空间分布特征，与Casentini等（2011）研究结果一致。但在研究区中偏东北方向，地下水As浓度较低，而0~10 cm土层中As含量较高。研究区位于准噶尔盆地南部，同时又为新疆地势最低洼地，受离子淋溶蓄积和岩石风化等作用，富含As矿物的天山山脉为表层土壤提供了丰富的As来源（罗艳丽 等，2007）。研究表明，长期施用化肥和农药也可增加土壤中As的含量（Zhou et al., 2018；汪花 等，2019），研究区以农业种植为主，种植期间大量施用农药和化肥，其中，农药施用方法为喷施，施肥采用水肥一体化的滴灌系统，滴灌用水量小、流速慢，As很难被淋洗到深层土壤中，所以施肥、喷药在一定程度上也促进了表层土壤As的累积。综上，研究区地下水和土壤中As的空间分布存在局部差异，可能是受自然因素和外源长期输入的共同影响。因此，有必要开展多因素对该地区农田土壤As累积影响的调查研究，以期全面降低该地区农田土壤As富集，提高土壤环境质量。

本研究综合运用了单因子污染指数法、地累积指数法、潜在生态风险指数法和健康风险评价法，从As的累积状况、生态毒性以及对人体健康影响的角度分析高砷水灌溉下农田土壤中As存在的风险。利用单因子污染指数法对研究区不同深度的土壤样点进行评价，评价标准为GB15618—2018中As的风险筛选值时，两层土壤As的单因子污染指数P_i≤1，表明研究区土壤中As的风险低于我国农用地土壤污染风险管控标准，但是个别点位的污染指数达到警戒状态，不能忽视其潜在风险。本研究中，地累积指数法相比于单因子污染指数法，综合考虑了研究区的背景值、自然成岩作用对背景值的影响以及人为污染因素，更加合理地反映出土壤As的污染状况。地累积指数法评价结果表明，有10%左右的样点为轻度污染，研究区土壤中的As存在一定的累积。

通过潜在生态风险指数法以及人体健康风险评价模型评估该地区土壤As对生态环境以及人体健康造成的影响。潜在生态风险指数法引入毒性响应系数，将重金属的环境生态效应与毒理学联系起来，反映出不同重金属元素对环境的潜在生态危害（湛润生 等，2021），研究区土壤中As的潜在生态风险参数远小于40，对生态环境造成的潜在危害较低，一般情况下可以忽略。土壤As对人体健康造成的影响是不容忽视的，虽然土壤As对儿童和成人均未造成不可接受的致癌风险，但是由手—口途径产生的健康风险指数也较高，具有潜在致癌风险。与成人相比，儿童更容易受到土壤As致癌风险影响，与前人的研究结果一致（成晓梦 等，2022）。儿童在户外活动中，可能会更多地接触土壤，使得儿童更易遭受土壤环境中As所带来的健康风险，因此对儿童应给予更多关注。

土壤As污染对土壤环境和人体健康均会构成威胁，建议奎屯河流域对已开采的水井进行全面检测。As浓度低于我国《农田灌溉水质标准》（GB 5084—2021）100 μg·L^{-1}的地下水，可以直接用于农业灌溉。由于研究区水资源较为匮乏，并且以棉花种植为主，因此，地下水$\rho_{(As)}$>100 μg·L^{-1}时，可作为非食用性作物的灌溉水源，但是不能直接井灌，灌溉时可将其与地表水混合，并增大地表水的混合比例，以此减少灌溉水向土壤中As的输送量。建议务农人员从事农业活动时佩戴口罩，穿长袖长裤，以减少身体的暴露面积。平时应勤洗手和脸，减少手—口途径摄入土壤As的剂量。减少儿童在田间的活动时间，以降低儿童受到土壤As的致癌风险。

第七章　结论与建议

　　土壤As污染一直是环境科学领域关注的热点问题之一，土壤中As的变化较为复杂，不同地区成土母岩、土壤质地、气候环境等差异较大，会造成As在土壤中迁移转化过程不同。碱性土壤中较多的阴离子如OH^-会与砷酸根离子形成竞争吸附位点，As的释放量会增加，对As污染的土壤来说危害加重。本研究针对新疆准噶尔盆地强蒸发的环境背景与农田盐碱土壤的特点，采用野外采样、室内控制试验、大田观测试验相结合的方法，明确As在农田盐碱土壤中水平和垂直方向的迁移特性，厘清影响土壤中As迁移的主控因素，阐明As在盐碱土壤中化学形态和结合形态的最终归趋，查明农田土壤中As的污染现状和生态风险，为全面揭示As在盐碱土壤中迁移转化过程和机理、准确评价高砷地下水灌溉的环境风险、正确进行盐碱土壤砷污染的防控提供理论和实践指导。本书的创新点主要体现如下：

　　一是借助扫描电子显微镜—X射线能谱仪（SEM-EDS）、傅里叶红外光谱（FTIR）技术，明确了盐碱土壤对As的吸附、解吸能力，阐明了As与盐碱土壤的结合机理。

　　二是采用土壤扦插离子交换膜箱体试验，结合能谱仪对膜上不同点位进行砷相对含量分析，实现了As在土壤中迁移的直接定位。

　　三是采用数理统计法和GIS空间插值技术，结合标准差椭圆模型，探讨高砷地下水灌溉对土壤As累积分布的影响，并采用多种评价方法对长期灌溉高砷地下水的生态风险进行评价。

　　尽管本书的研究成果在准噶尔盆地农田土壤中As的迁移转化与风险评价方面取得了一些新的认识，但对于全面揭示农田土壤中As的环境行为仍然不足，本研究侧重水分、盐碱对As的迁移转化的影响，今后可重点关注有机质、铁锰氧化物及硫化物对As吸附、解吸的调控机制。此外，开展土壤As污染的绿色修复与可持续调控技术和基于健康风险的As土壤标准修订也是当前土壤As污染研究领域的紧迫任务之一。

参考文献

安礼航，刘敏超，张建强，等，2020. 土壤中As的来源及迁移释放影响因素研究进展[J]. 土壤，52（2）：234-246.

鲍士旦，2000. 土壤农化分析[M]. 北京：中国农业出版社.

曹淑萍，2004. 重金属污染元素在天津土壤剖面中的纵向分布特征[J]. 地质找矿论丛，（4）：270-274.

曹鑫康，2013. 赣南某钨矿尾矿砂和土壤中砷的赋存及释放特征研究[D]. 赣州：江西理工大学.

曹元元，郭华明，高志鹏，2022. 氧化还原动态变化对沉积物As和氟释放的影响：以河北白洋淀平原为例[J]. 现代地质，36（2）：533.

常思敏，马新明，蒋媛媛，等，2005. 土壤As污染及其对作物的毒害研究进展[J]. 河南农业大学学报（2）：161-166，186.

陈静，王学军，朱立军，2003. pH值和矿物成分对砷在红土中迁移的影响[J]. 环境化学（2）：121-125.

陈丽娜，2009. 不同水分管理模式下As在土壤—水稻体系中的时空动态规律研究[D]. 保定：河北农业大学.

陈培培，2015. 土壤中砷的迁移转化特征的研究[D]. 上海：华东师范大学.

陈同斌，1996. 土壤溶液中的砷及其与水稻生长效应的关系[J]. 生态学报，16（20）：147-153.

陈文轩，李茜，王珍，等，2020. 中国农田土壤重金属空间分布特征及污染评价[J]. 环境科学，41（6）：2822-2833.

陈寻峰，2016. As污染土壤淋洗修复技术研究[D]. 长沙：湖南大学.

成晓梦，孙彬彬，吴超，等，2022. 浙中典型硫铁矿区农田土壤重金属含量特征及健康风险[J]. 环境科学，43（1）：442-453.

邓建才, 蒋新, 胡维平, 等, 2008. 田间土壤剖面中阿特拉津的迁移试验[J]. 农业工程学报, 24 (3): 77-81.

邓雯文, 罗艳丽, 王翔, 等, 2021a. 地下水—土壤系统中砷含量及健康风险评价[J]. 环境科学与技术, 44 (4): 204-211.

邓雯文, 罗艳丽, 王翔, 等, 2021b. 新疆奎屯地区地下水中砷和盐的分布特征及成因分析[J]. 环境污染与防治, 43 (11): 1404-1409.

丁秀红, 2018. 山东省典型土壤对重金属的吸附/解吸及其结合机理的研究[D]. 济南: 山东大学.

董立宽, 方斌, 王晨歌, 2018. 基于Copula函数的茶园土壤铜锌空间协同效应研究[J]. 自然资源学报, 33 (5): 867-878.

高瑞忠, 秦子元, 张生, 等, 2018. 吉兰泰盐湖盆地地下水Cr^{6+}、As、Hg健康风险评价[J]. 中国环境科学, 38 (6): 2353-2362.

古秀萍, 褚贵新, 2019. 外源As (Ⅲ)、As (Ⅴ) 在石灰性土壤中的转化及其对有机碳降解酶活性的影响[J]. 土壤通报, 50 (6): 1455-1462.

关连珠, 周景景, 张昀, 等, 2013. 不同来源生物炭对砷在土壤中吸附与解吸的影响[J]. 应用生态学报, 24 (10): 2941-2946.

郝翔翔, 韩晓增, 邹文秀, 2018. 示差红外光谱在土壤有机质组成研究中的应用[J]. 分析化学, 46 (4): 616-622.

郝瑶玲, 田琳, 黄臣臣, 等, 2020. 矿山排水污染稻田土壤胶体对砷的吸附研究[J]. 环境科学与技术, 43 (1): 31-36.

何博, 赵慧, 王铁宇, 等, 2019. 典型城市化区域土壤重金属污染的空间特征与风险评价[J]. 环境科学, 40 (6): 2869-2876.

和秋红, 2009. 不同形态砷在土壤中的转化及生物效应研究[D]. 北京: 中国农业科学院.

贺纪正, 郑袁明, 曲久辉, 2009. 土壤环境微界面过程与污染控制[J]. 环境科学学报, 29 (1): 21-27.

侯沁言, 张世熔, 马小杰, 等, 2019. 基于GIS的凯江流域农田重金属污染评价研究[J]. 农业环境科学学报, 38 (7): 1514-1522.

胡留杰, 白玲玉, 李莲芳, 等, 2008. 土壤中As的形态和生物有效性研究现状与趋势[J]. 核农学报 (3): 383-388.

胡留杰, 2008. 砷在土壤中的形态转化及植物有效性研究[D]. 北京: 中国农业科学院.

胡世文, 刘同旭, 李芳柏, 等, 2022. 土壤铁矿物的生物—非生物转化过程及其界面重金属反应机制的研究进展[J]. 土壤学报, 59（1）: 54-65.

胡嫣然, 2010. 水分管理对水稻吸收As的影响及朝天委陵菜对矿冶区污染稻田的修复潜力[D]. 芜湖: 安徽师范大学.

黄春雷, 郑萍, 陈岳龙, 等, 2008. 山西临汾—运城盆地土壤中As含量的变化规律[J]. 地质通报,（2）: 246-251.

蒋成爱, 吴启堂, 陈杖榴, 2004. 土壤中As污染研究进展[J]. 土壤（3）: 264-270.

焦常锋, 常会庆, 王启震, 等, 2020. 碳酸钙和壳聚糖联用对高pH值石灰性土壤砷污染的钝化[J]. 农业工程学报, 36（11）: 234-240.

雷鸣, 曾敏, 廖柏寒, 等, 2014. 含磷物质对水稻吸收土壤砷的影响[J]. 环境科学, 35（8）: 3149-3154.

李晶, 2016. 砷在新疆奎屯地下水中的分布及其在农田土壤中的迁移[D]. 乌鲁木齐: 新疆农业大学.

李俊晓, 李朝奎, 殷智慧, 2013. 基于ArcGIS的克里金插值方法及其应用[J]. 测绘通报（9）: 87-90+97.

李思妍, 史高玲, 娄来清, 等, 2018. P、Fe及水分对土壤砷有效性和小麦砷吸收的影响[J]. 农业环境科学学报, 37（3）: 415-422.

李湘凌, 周涛发, 张鑫, 等, 2009. 合肥市土壤中Cd、Hg、Pb、As、Cu和Ni元素的剖面分布特征[J]. 安徽农业大学学报, 36（4）: 659-665.

李益华, 邱亚群, 李二平, 等, 2020. 湖南省某锑矿区土壤As形态与剖面分布特征[J]. 湘潭大学学报（自然科学版）, 42（1）: 45-52.

李月芬, 王冬艳, 汤洁, 等, 2012. 吉林西部土壤As的形态分布及其与土壤性质的关系研究[J]. 农业环境科学学报, 31（3）: 516-522.

廖晓勇, 陈同斌, 肖细元, 等, 2003. 污染水稻田中土壤含As量的空间变异特征[J]. 地理研究（5）: 635-643.

刘洪莲, 李恋卿, 潘根兴, 2006. 苏南某些水稻土中Cu Pb Hg As的剖面分布及其影响因素[J]. 农业环境科学学报（5）: 1221-1227.

刘凌青，肖细元，郭朝晖，等，2021. 锌冶炼地块剖面土壤对镉、铅的吸附特征及机制[J]. 环境科学，42（8）：4015-4023.

刘霞，刘树庆，王胜爱，2002. 河北主要土壤中重金属镉、铅形态与土壤酶活性的关系[J]. 河北农业大学学报（1）：33-37+60.

柳林，2011. As（Ⅴ）在红壤中的吸附—解吸行为研究[D]. 长沙：长沙理工大学.

鲁如坤，2000. 土壤农业化学分析方法[M]. 北京：中国农业科学技术出版社.

罗艳丽，蒋平安，余艳华，等，2007. 新疆奎屯123团土壤砷污染研究[J]. 土壤通报，38（3）：558-561.

罗艳丽，李晶，蒋平安，等，2017. 新疆奎屯原生高砷地下水的分布、类型及成因分析[J]. 环境科学学报，37（8）：2897-2903.

吕佳芮，王祖伟，刘雅明，等，2019. 干湿交替过程中重金属在碱性盐化表层土壤中的迁移特征[J]. 天津师范大学学报（自然科学版），39（5）：57-63.

青长乐，牟树森，蒲富永，等，1992. 论土壤重金属毒性临界值[J]. 农业环境保护，11（2）：51-56.

全国土壤普查办公室，1992. 中国土壤普查技术[M]. 北京：农业出版社.

尚爱安，刘玉荣，梁重山，等，2000. 土壤中重金属的生物有效性研究进展[J]. 土壤（6）：294-300+314.

施强，王翠红，卜思怡，等，2021. 湖南省典型母质水稻土剖面As的含量及空间分布[J]. 河南农业科学，50（7）：87-100.

宋书巧，梁利芳，周永章，等，2003. 广西刁江沿岸农田受矿山重金属污染现状与治理对策[J]. 矿物岩石地球化学通报（2）：152-155.

孙跃嘉，2016. 冻融对砷在土壤中吸附解吸特性及赋存形态影响的研究[D]. 沈阳：沈阳农业大学.

唐世琪，刘秀金，杨柯，等，2021. 典型碳酸盐岩区耕地土壤剖面重金属形态迁移转化特征及生态风险评价[J]. 环境科学，42（8）：3913-3923.

唐文忠，孙柳，单保庆，2019. 土壤/沉积物中重金属生物有效性和生物可利用性的研究进展[J]. 环境工程学报，13（8）：1775-1790.

佟俊婷，2014. 内蒙古河套平原高砷水灌溉对土壤—作物系统中砷分布的影响及健康效应[D]. 北京：中国地质大学.

汪花，2019. 兴义市西南部喀斯特地区土壤砷的空间分布及迁移富集特征[D]. 贵阳：贵州大学.

汪花，刘秀明，刘方，等，2019. 喀斯特地区小尺度农业土壤砷的空间分布及污染评价[J]. 环境科学，40（6）：2895-2903.

王成文，许模，张俊杰，等，2016. 土壤pH和Eh对重金属铬（Ⅵ）纵向迁移及转化的影响[J]. 环境工程学报，10（10）：6035-6041.

王春彦，贾彦龙，孙嘉龙，等，2019. 土壤As生物有效性及其调控措施研究进展[J]. 环保科技，25（6）：55-64.

王丹丽，关子川，王恩德，2003. 腐殖质对重金属离子的吸附作用[J]. 黄金，24（1）：47-49.

王俊，2017. 腐殖酸对As在土壤中的形态转化和生物有效性的影响研究[D]. 重庆：西南大学.

王培培，陈松灿，朱永官，等，2018. 微生物As甲基化及挥发研究进展[J]. 农业环境科学学报，37（7）：1377-1385.

王祎，黄来明，2023. 土壤中铁锰结核微结构与组分研究进展[J]. 土壤学报，60（2）：317-331.

王莹，2011. 水稻根际As的行为及其调控机制研究[D]. 保定：河北农业大学.

王玉军，吴同亮，周东美，等，2017. 农田土壤重金属污染评价研究进展[J]. 农业环境科学学报，36（12）：2365-2378.

吴文晖，邹辉，朱岗辉，等，2018. 湘中某矿区地下水重金属污染特征及健康风险评估[J]. 生态与农村环境学报，34（11）：1027-1033.

吴瀛灏，2017. 铀尾矿区铀在土壤中的吸附与迁移规律研究[D]. 南昌：东华理工大学.

武斌，廖晓勇，陈同斌，等，2006. 石灰性土壤中砷形态分级方法的比较及其最佳方案[J]. 环境科学学报，26（9）：1467-1473.

夏建国，何芳芳，罗婉，2014. 蒙山茶园土壤组分对铝吸附解吸热力学特征的影响[J]. 核农学报，28（4）：732-741.

夏增禄，李森照，穆从如，等，1985. 北京地区重金属在土壤中的纵向分布和迁移[J]. 环境科学学报（1）：105-112.

谢正苗，黄昌勇，1988. 不同价态砷在不同母质中的形态转化及其与土壤性质的关系[J]. 农业环境保护，7（5）：21-24.

谢正苗，1989. 砷的土壤化学[J]. 农业环境科学学报，8（1）：36-38.

行文静，牛浩，李娇，等通报，2021. 冻融对东北黑土硒酸盐吸附解吸的影响[J]. 土壤，52（2）：338-345.

徐颖，马艺铭，张溪，等，2021. 某生活垃圾填埋场周边地下水饮水途径健康风险评价[J]. 生态环境学报，30（3）：558-568.

严露，林朝君，王欣，等，2020. 有机肥及复配硫酸盐对土壤—水稻系统As镉有效性的调控[J]. 土壤学报，57（3）：667-679.

严明书，李武斌，杨乐超，等，2014. 重庆渝北地区土壤重金属形态特征及其有效性评价[J]. 环境科学研究，27（1）：64-70.

严怡君，谢先军，肖紫怡，等，2018. 灌溉对非饱和带中砷迁移转化过程的影响[J]. 地质科技情报，37（5）：206-214.

严怡君，谢先军，郑文君，等，2017. 灌溉活动对大同盆地表层土壤中砷迁移的影响[J]. 地质科技情报，36（3）：235-241.

严怡君，2018. 灌溉活动影响下非饱和带As迁移转化规律研究[D]. 武汉：中国地质大学.

杨晓伟，2013. 内蒙古某矿区土壤As污染特征研究[D]. 阜新：辽宁工程技术大学.

姚娜，2010. 外源Ag、Bi、Pb、In、Sb和Sn在土壤中的吸附特性和迁移转化研究[D]. 杨凌：西北农林科技大学.

余雪莲，李启权，彭月月，等，2020. 成都平原核心区土壤砷空间变异特征及影响因素[J]. 环境科学研究，33（4）：1005-1012.

湛润生，胡冬梅，甄莉娜，等，2021. 山西省天镇县设施菜地土壤重金属污染评价及其源解析[J]. 环境污染与防治，43（12）：1573-1577.

张国祥，杨居荣，华珞，1996. 土壤环境中的砷及其生态效应[J]. 土壤（2）：64-68.

张静，2008. 砷形态分析及其环境地球化学应用研究[D]. 北京：中国地质科学院.

张勇，郭纯青，孙平安，等，2019. 基于空间分析荞麦地流域地下水健康风险评价[J]. 中国环境科学，39（11）：4762-4768.

张玉芬,刘景辉,杨彦明,等,2015. 通辽地区4种典型土壤对铅、汞、镉和砷的吸附解吸特征[J]. 中国农业大学学报,20(5):111-118.

赵德文,杨金香,杨碧莹,等,2019. 水体重金属污染评价方法研究进展[J]. 黄河科技学院学报,21(2):99-105.

赵璐,赵作权,2014. 基于特征椭圆的中国经济空间分异研究[J]. 地理科学,34(8):979-986.

赵小燕,2013. 砷在土壤—小麦体系中的吸附解吸及富集特性的研究[D]. 杨凌:西北农林科技大学.

郑国璋,2008. 关中娄土剖面中重金属元素的垂直分布规律研究[J]. 地球学报(1):109-115.

中国科学院南京土壤研究所环保室,1977. 土壤砷污染及其防治的研究[J]. 中国农业科学(3):41-46+65.

钟松雄,尹光彩,陈志良,等,2017. Eh、pH和铁对水稻土As释放的影响机制[J]. 环境科学,38(6):2530-2537.

周巾枚,蒋忠诚,徐光黎,等,2019. 崇左响水地区地下水水质分析及健康风险评价[J]. 环境科学,40(6):2675-2685.

朱雁鸣,冯人伟,韦朝阳,2012. 水口山水稻土与菜地土中As的有效性[J]. 生态学杂志,31(10):2657-2661.

邹邦基,1986. 土壤中的砷[J]. 土壤学进展(2):8-13+52.

AHMAD M, LEE S S, DOU X, et al., 2012. Effects of pyrolysis temperature on soybean stover-and peanut shell-derived biochar properties and TCE adsorption in water[J]. Bioresource Technology, 118(8):536-544.

ARAO T, KAWASAKI A, BABA K, et al., 2009. Effects of water management on cadmium and arsenic accumulation and dimethylarsinic acid concentrations in Japanese rice[J]. Environmental Science & Technology, 43(24):9361-9367.

AROOQ S H, CHANDRASEKHARAM D, DHANACHANDRA W, et al., 2019. Relationship of arsenic accumulation with irrigation practices and crop type in agriculture soils of Bengal Delta, India [J]. Applied Water Science, 9(5):1-11.

ARSLAN H, AYYILDIZ TURAN N, ERSIN TEMIZEL K, et al., 2022.

Evaluation of heavy metal contamination and pollution indices through geostatistical methods in groundwater in Bafra Plain, Turkey[J]. International Journal of Environmental Science and Technology, 19（9）: 8385-8396.

BENTAHAR Y, HUREL C, DRAOUI K, et al., 2016. Adsorptive properties of Moroccan clays for the removal of arsenic（V）from aqueous solution[J]. Applied Clay Science, 119: 385-392.

BOGLIONE R, GRIFFA C, PANIGATTI M C, et al., 2019. Arsenic adsorption by soil from Misiones province, Argentina[J]. Environmental Technology and Innovation, 13: 30-36.

BRAMMER H, RAVENSCROFT P, 2009. Arsenic in groundwater: a threat to sustainable agriculture in South and South-east Asia[J]. Environment International, 35（3）: 647-654.

CAMPBELL K M, NORDSTROM D K, 2014. Arsenic speciation and sorption in natural environments[J]. Reviews in Mineralogy and Geochemistry, 79（1）: 185-216.

CASENTINI B, HUG S J, NIKOLAIDIS N P, 2011. Arsenic accumulation in irrigated agricultural soils in Northern Greece[J]. Science of the Total Environment, 409（22）: 4802-4810.

CHEN H, LIN S, LI Z, et al., 2021. Comparing arsenic（V）adsorption by two types of red soil weathered from granite and sandstone in Hunan, China[J]. Environmental Earth Sciences, 80（10）: 1-11.

CHEN H, MEI J, LUO Y, et al., 2017. Adsorptive properties of alluvial soil for arsenic（V）and its potential for protection of the shallow groundwater among Changsha, Zhuzhou, and Xiangtan cities, China[J]. Environmental Science and Pollution Research, 24: 4018-4028.

CHEN R, HAN L, LIU Z, et al., 2022. Assessment of soil-heavy metal pollution and the health risks in a mining area from southern Shaanxi Province, China[J]. Toxics, 10（7）: 385.

DARMAWAN, WADA S I, 1999. Kinetics of fraction of copper lead and zinc loaded to soils that differ in cation exchange composition at low moisture content[J]. Communications in Soil Science Plant Analysis, 30: 2363-2375.

DING X H, WANG R Q, LI Y C, et al., 2017. Insights into the mercury (II) adsorption and binding mechanism onto several typical soils in China[J]. Environmental Science & Pollution Research, 23607-23619.

DITTMAR J, VOEGELIN A, ROBERTS L C, et al., 2007. Spatial distribution and temporal variability of arsenic in irrigated rice fields in Bangladesh. 2. Paddy soil[J]. Environmental Science & Technology, 41 (17): 5967-5972.

EBERLE A, BESOLD J, NININ J M L, et al., 2021. Potential of high pH and reduced sulfur for arsenic mobilization-Insights from a Finnish peatland treating mining waste water[J]. Science of the Total Environment, 758: 143689.

FAN Y, ZHENG C, LIU H, et al., 2020. Effect of pH on the adsorption of arsenic (V) and antimony (V) by the black soil in three systems: performance and mechanism[J]. Ecotoxicology and Environmental Safety, 191: 110145.

FAROOQ S H, CHANDRASEKHARAM D, DHANACHANDRA W, et al., 2019. Relationship of arsenic accumulation with irrigation practices and crop type in agriculture soils of Bengal Delta, India[J]. Applied Water Science, 9 (5): 1-11.

FRANCIOSO O, SANCHEZCORTES S, TUGNOLI V, et al., 1998. Characterization of peat fulvic acid fractions by means of FT-IR, SERS, and 1H, 13C NMR spectroscopy[J]. Applied Spectroscopy, 52 (2): 270-277.

GEDIK K, KONGCHUM M, BORAN M, et al., 2015. Adsorption and desorption of arsenate in Louisiana rice soils[J]. Archives of Agronomy and Soil Science, 62 (6): 856-864.

GHORBANZADEH N, JUNG W, HALAJNIA A, et al., 2015. Removal of arsenate and arsenite from aqueous solution by adsorption on clay minerals[J]. Geosystem Engineering, 18 (6): 302-311.

GILLISPIE E C, SOWERS T D, DUCKWORTH O W, et al., 2015. Soil pollution due to irrigation with arsenic-contaminated groundwater: current state of science[J]. Current Pollution Reports, 1 (1): 1-12.

GUPTA N, YADAV K K, KUMAR V, et al., 2021. Appraisal of contamination of heavy metals and health risk in agricultural soil of Jhansi city, India[J]. Environmental Toxicology and Pharmacology, 88: 103740.

HONMA T, OHBA H, KANEKOKADOKURA A, et al., 2016. Optimal soil Eh, pH, and water management for simultaneously minimizing arsenic and cadmium concentrations in rice grains[J]. Environmental Science & Technology, 50(8): 4178-4185.

HSU W M, HSI H C, HUANG Y T, et al., 2012. Partitioning of arsenic in soil-crop systems irrigated using groundwater: a case study of rice paddy soils in southwestern Taiwan[J]. Chemosphere, 86(6): 606-613.

HUANG H B, LIN C Q, YU R L, et al., 2019. Contamination assessment, source apportionment and health risk assessment of heavy metals in paddy soils of Jiulong River Basin, Southeast China[J]. RSC Advances, 9(26): 14736-14744.

HUANG Y, MIYAUCHI K, ENDO G, et al., 2016. Arsenic contamination of groundwater and agricultural soil irrigated with the groundwater in Mekong Delta, Vietnam[J]. Environmental Earth Sciences, 75(9): 757.

KUMAR R, KUMAR R, MITTAL S, et al., 2016. Role of soil physicochemical characteristics on the present state of arsenic and its adsorption in alluvial soils of two agri-intensive region of Bathinda, Punjab, India[J]. Journal of Soils & Sediments, 16: 605-620.

LAWGALI Y F, MEHARG A A, 2011. Levels of arsenic and other trace elements in Southern Libyan agricultural irrigated soil and non-irrigated soil projects[J]. Water Quality, Exposure and Health, 3(2): 79-90.

LI J X, WANG Y X, XIE X J, 2016. Cl/Br ratios and chlorine isotope evidences for groundwater salinization and its impact on groundwater arsenic, fluoride and iodine enrichment in the Datong basin, China[J]. Science of the Total Environment, 544: 158-167.

MA W, ZHANG M M, WANG R Q, et al., 2015. Mercury(I) adsorption on three contrasting Chinese soils treated with two sources of dissolved organic matter: H. spectroscopic characterization[J]. Soil & Sediment Contamination,

24（6）：719-730.

MAITI A，DASGUPTA S，BASU J K，et al.，2007. Adsorption of arsenite using natural laterite as adsorbent[J]. Separation and Purification Technology，55（3）：350-359.

MANNING A，SUAREZ D L，2000. Modeling arsenic（Ⅲ）adsorption and heterogeneous oxidation kinetics in soils[J]. Soil Science Society of America Journal，64：128-137.

Masscheleyn P H，Delaune R D，Patrick W H，1991.Effect of redox potential and pH on arsenic speciation and solubility in a contaminated soil[J].Environmental Science and Technology，25（8）：1414-1419.

MCGEEHAN S L，NAYLOR D V，1994. Sorption and redox transformation of arsenite and arsenate in two flooded soils[J]. Soil Science Society of America Journal，58（2）：337-342.

MEHARG A A，RAHMAN M M，2003. Arsenic contamination of Bangladesh paddy field soils：implications for rice contribution to arsenic consumption[J]. Environmental Science & Technology，37（2）：229-234.

MTHEMBU P P，ELUMALAI V，LI P，et al.，2022. Integration of heavy metal pollution indices and health risk assessment of groundwater in semi-arid coastal aquifers，South Africa[J]. Exposure and Health，14（2）：487-502.

NAYAK P S，SINGH B K，2007. Instrumental characterization of clay by XRF，XRD and FTIR[J]. Bulletin of Materials Science，30（3）：235-238.

NORRA S，BERNER Z A，AGARWALA P，et al.，2005. Impact of irrigation with As rich groundwater on soil and crops：a geochemical case study in West Bengal Delta Plain，India[J]. Applied Geochemistry，20（10）：1890-1906.

OREMLAND R S，HOEFT S E，SANTINI J M，et al.，2002. Anaerobic oxidation of arsenite in Mono Lake water and by a facultative，arsenite-oxidizing chemoautotroph，strain MLHE-1[J]. Applied and Environmental Microbiology，68（10）：4795-4802.

OYEWUMI O，SCHREIBER M E，2017. Using column experiments to examine transport of As and other trace elements released from poultry litter：implications for trace element mobility in agricultural watersheds[J]. Environmental Pollution, 227: 223-233.

PAN L, WANG Y, MA J, et al., 2018. A review of heavy metal pollution levels and health risk assessment of urban soils in Chinese cities[J]. Environmental Science and Pollution Research, 25 (2): 1055-1069.

RAHMAN M S, CLARK M W, YEE L H, 2019. Arsenic (V) sorption kinetics in long-term arsenic pesticide contaminated soils[J]. Applied Geochemistry, 111: 104444.

RENSING C, ROSEN B P, 2009. Heavy metals cycle (arsenic, mercury, selenium, others) [J]. Encyclopedia of Microbiology: 205-219.

SAADA A, BREEZE D, CROUZET C, et al., 2003. Adsorption of arsenate (V) on kaolinite and on kaolinite-humic acid complexes: Role of humic acid nitrogen groups[J]. Chemosphere, 51: 757-763.

SADIQ M, 1997. Arsenic chemistry in soils: an overview of thermodynamic predictions and field observations[J]. Water, Air, and Soil Pollution, 93 (1): 117-136.

SAHA G C, ALI M A, 2007. Dynamics of arsenic in agricultural soils irrigated with arsenic contaminated groundwater in Bangladesh [J]. Science of the Total Environment, 379 (2-3): 180-189.

SAHA N, RAHMAN M S, AHMED M B, et al., 2017. Industrial metal pollution in water and probabilistic assessment of human health risk[J]. Journal of Environmental Management, 185: 70-78.

SAWHNEY B L, ISAACSON P J, 1983. Humus chemistry: genesis, composition, reaction[J]. Soil Science, 135 (2): 129-130.

SHRIVASTAVA A, BARLA A, YADAV H, et al., 2014. Arsenic contamination in shallow groundwater and agricultural soil of Chakdaha block, West Bengal, India[J]. Frontiers in Environmental Science, 2: 50.

SMAOUI H, GUERMAZI H, AGNEL S, et al., 2003. Structural changes in epoxy resin polymer after heating and their influence on space charges[J]. Polymer International, 52: 1287-1293.

SMEDLEY P L, KINNIBURGH D G, 2002. A review of the source, behaviour and distribution of arsenic in natural waters[J]. Applied Geochemistry, 17(5): 517-568.

SPARKS D L, 1995. Environment soil chemistry[M]. San Diego: Academic Press.

STROUD J L, NORTON G J, ISLAM M R, et al., 2011. The dynamics of arsenic in four paddy fields in the Bengal delta[J]. Environmental Pollution, 159(4): 947-953.

TANI Y, MIYATA N, OHASHI M, et al., 2004. Interaction of inorganic arsenic with biogenic manganese oxide produced by a Mn-oxidizing fungus, strain KR21-2[J]. Environmental Science & Technology, 38(24): 6618-6624.

WANG D, DANG Z, FENG H, et al., 2015. Distribution of anthropogenic cadmium and arsenic in arable land soils of Hainan, China[J]. Toxicological & Environmental Chemistry, 97(3-4): 402-408.

WANG D, DANG Z, FENG H, et al., 2015. Distribution of anthropogenic cadmium and arsenic in arable land soils of Hainan, China[J]. Toxicological & Environmental Chemistry Reviews, 97(3-4): 7.

WANG F, PAN G X, LI L Q, 2009. Effects of free iron oxyhydrates and soil organic matter on copper sorption-desorption behavior by size fractions of aggregates from two paddy soils[J]. Environmental Sciences, 21(5): 618-624.

WANG X D, SUN Y F, LI S Y, et al., 2019. Spatial distribution and ecological risk assessment of heavy metals in soil from the Raoyanghe Wetland, China[J]. PLoS One, 14(8): e0220409.

WANG Z Y, SU Q, WANG S, et al., 2021. Spatial distribution and health risk assessment of dissolved heavy metals in groundwater of eastern China coastal zone[J]. Environmental Pollution, 290: 118016.

WANG X J, CHEN X P, YANG J, et al., 2009. Effect of microbial mediated iron plaque reduction on arsenic mobility in paddy soil[J]. Journal of Environmental Sciences, 21(11): 1562-1568.

XU D P, ZHU S Q, CHEN H, et al., 2006. Structural characterization of humic acids isolated from typical soils in China and their adsorption characteristics to phenanthrene[J]. Colloids and Surfaces A: Physicochemical and Engineering Aspects, 276 (1-3): 1-7.

YAMAGUCHI N, OHKURA T, TAKAHASHI Y, et al., 2014. Arsenic distribution and speciation near rice roots influenced by iron plaques and redox conditions of the soil matrix[J]. Environmental Science & Technology, 48 (3): 1549-1556.

ZANG X, ZHOU Z, ZHANG T, et al., 2021. Aging of exogenous arsenic in flooded paddy soils: characteristics and predictive models[J]. Environmental Pollution, 274: 116561.

ZANOR G A, GARCÍA M G, VENEGAS-AGUILERA L E, et al., 2019. Sources and distribution of arsenic in agricultural soils of Central Mexico[J]. Journal of Soils and Sediments, 19 (6): 2795-2808.

ZHOU Y T, NIU L L, LIU K, et al., 2018. Arsenic in agricultural soils across China: distribution pattern, accumulation trend, influencing factors, and risk assessment [J]. Science of the Total Environment, 616-617: 156-163.